포도야, 넌 누구니

포도가 들려주는 7가지 이야기 보따리

포도야, 넌 누구니

그 역사와 지리 이야기

강순돌 지음

푸른길

이 책을 집필하기로 마음을 먹기 전까지 나에게 포도는 여름에 먹는 과일이었다. 이전까지만 하더라도 나와 생각이 비슷한 사람이 많았는데, 요즘은 우리나라에서도 포도주가 많이 소비되고 있어서인지 포도를 포도주와 연관 짓는 사람들이 많아졌다. 그런데 우리나라에서 재배되는 포도는 대부분 포도주용이 아니다. 조금 늘어나고 있는 추세이긴 하지만 포도주용 포도의 재배는 흔하지 않아 대세라고 하기엔 아직 이르다. 그렇긴 해도 지구상에서 재배되는 포도는 과일로 먹거나 건포도로 가공하는 것보다 포도주로 이용하는 양이 훨씬 많은 게 현실이었다. 더구나 포도 재배는 포도주를 만들기 위한 목적에서 시작되었다고 한다. 이런 사실을 알게 된 순간, 포도는 나에게 재미난 과일로 비치기 시작했다.

이때부터 포도(나무)와 포도주에 관한 자료를 찾기 시작했다. 찾으면 찾을수록 흥미진진한 내용이 쏟아져 나왔다. 대부분의 포도는 포도주를 떼어 놓고는 설명이 어렵다는 사실이 그중 하나이다. 포도를 책의 제목으로 전면에 내세웠지만, 사실 이보다는 포도와 포도주에 관한 책이라고 보아도 무방한 이유가 바로 여기에 있다. 그 정도로 포도주에 관한 내용이 책의 상당 부분을 차지하고 있다. 그렇지만 포도주도 포도로부터 나온 것 아닌가. 포도 이야기를 다 하려면 제목을 단순화하여 책을 구성하는 것이

더 좋겠다는 생각이 들었다.

포도 이야기는 포도 재배가 먼저 시작된 지역, 즉 지중해 연안과 그 주변 지역의 포도 재배와 포도주 양조에 관한 역사와 지리 이야기를 중심으로 펼쳐진다. 그것의 구체적인 이야기를 일곱 개의 보따리에 나누어 담았다. 보따리 제목은 포도의 일생을 염두에 두고 붙였으며, 각 보따리에 담은 이야기는 다음과 같다.

첫 번째 보따리: '포도가 생겨났다'에는 야생 포도가 아닌 인간에 의해 재배되기 시작한 포도의 기원, 포도의 작물화 과정, 포도의 생김새, 포도의 종류, 계절에 따른 포도의 생육 과정을 담았다.

두 번째 보따리: '포도가 재배된다'에서는 포도의 재배 환경, 즉 기후, 지형, 토양과 연관하여 포도 재배의 특성을 살펴본다. 그리고 불리한 기후를 보완하는 지형과 토양의 역할, 포도 재배 방법과 수확 시기의 일반적인 특징에 대해 말하고 있다.

세 번째 보따리: '포도가 퍼져 간다'에는 포도 재배와 포도주 양조 기술이 주변 지역과 다른 지역으로 확산한 이유와 포도 재배의 지리적 확산 패턴을 담았다.

네 번째 보따리: '포도는 버릴 것이 없다'에는 인간 생활에 활용되고 있는 포도와 포도주, 그리고 포도밭 등의 용도를 정리해 두었다. 포도를 다른 형태로 변신시켜 인간 생활에 이용하고 있는 제품과 포도밭 경관을 이용한 산업에 대해 살펴봤다.

다섯 번째 보따리: '포도가 이주한다'에서는 포도주의 보관과 운송 수단, 무역의 지리적 측면을 다뤘다. 구체적으로 포도주를 보관했던 용기, 이를 운송한 교통수단과 교통로의 특성을 중점적으로 다루었다.

여섯 번째 보따리: '포도가 아프다'에는 필록세라로 대표되는 포도의 질병을 간단하게 정리해 담았다.

일곱 번째 보따리: '포도는 말한다'에서는 포도(포도주)와 기후, 사회, 종교, 예술 등과의 관련성을 풀어 설명해 놓았다.

처음에는 위와 같은 이야기를 고려하여 책의 제목을 '포도의 모든 것'이라고 이름했으나 곰곰이 생각해 보니 너무 흔한 책 이름이라는 생각이 들었고 '모든 것'이라는 표현이 너무 광범위하고 애매하게 느껴졌다. 포도에 관한 다양한 이야기들—포도 재배의 기원과 전파, 포도 재배의 조건, 포도의 이용, 포도 무역, 포도가 만들어 낸 문화 등등—을 책에 담고 싶었다. '모든 것'이라는 단어의 애매함을 극복하고, 또 다양한 이야기를 적절히 아우를 수 있는 제목을 궁리하던 중 포도에 관한 궁금증을 자아내는 제목을 붙이기로 했다. 그렇게 '포도야, 넌 누구니'라고 하는 제목을 떠올렸고, 제목에서 가질 수 있는 내용의 막연함을 구체화하기 위해 '그 역사와 지리 이야기'를 부제로 추가했다. 이렇게 해서 '포도의 모든 것'보다 조금 덜 부담이 되면서 포도의 다양한 측면을 담아낼 수 있는, 역사와 지리이야기로 범위를 좁힌 하나의 완성된 책 제목이 탄생했다.

| 차 례 |

· 첫 번째 보따리 ·

포도가 생겨났다

포도(葡萄, grape)라 하면 여름에 먹는 과일이라는 생각이 먼저 떠오른다. 우리나라에서 재배되는 포도는 대부분 과일로 먹는 포도들이기 때문이다. 포도주를 만드는 원료가 포도이긴 하지만 우리나라에서는 포도주를 만드는 종류의 포도나무 재배는 흔한 일이 아니다. 그래도 예전보다 수입 포도주나 국내산 포도주를 접할 기회가 많아져 포도를 포도주와 일치시키는 일이 많아지고 있다. 실제로 지구상에서 생산된 포도는 과일로 먹는 것보다 포도주로 이용하는 양이 훨씬 많다. "세상에! 포도가 먹는 용도가 아닌 술을 만드는 용도로 훨씬 많이 쓰인다고요?!" 무지의 소치였다. 이 일은 포도에 대한 나의 무지를 일거에 무너뜨리기에 충분했다. 포도는 신비롭고도 흥미로운 과일이다.

포도

1. 포도가 재배되기까지

처음에 야생 포도는 세계 여러 곳에서 생겨났다. 사람들이 재배한 것이 아니라 그냥 자라고 있었다. 그런데 사람들은 왜 야생 포도에 그치지 않고 포도를 재배하려 했을까?

야생 포도로도 포도주를 만들 수 있었다. 그러나 그런 포도주로는 사람들의 기호를 충족시킬 수 없었다. 사람의 입맛에 맞는 포도주가 필요했다. 포도 열매가 크고 즙이 많으며 단맛이 강한 포도가 열매가 작고 즙이 적으며 신맛이 강한 포도보다 인기가 있었다. 이런 이유로 사람들은 야생 포도 중에서 포도주에 가장 잘 어울리는 품종을 골라, 그 열매를 계속해서 얻으려고 온 힘을 다해 포도를 재배하려 했다.

포도는 야생이 아닌 재배를 통해 이전보다 더 안정적인 수확이 가능해졌다. 야생 포도는 대부분 암수딴그루, 즉 수술과 암술을 가진 나무가 따로 있어서 곤충에 의한 수분이 이루어지지 않으면 열매를 맺지 못한다. 반면 재배 포도는 한 송이의 꽃 속에 암술과 수술이 모두 들어 있는 암수한그루로 바람에 의한 수분이 가능하여 열매 맺을 확률이 야생보다 높다. 이렇듯 포도를 재배하는 일은 암수한그루인 품종을 골라서 번식시키는 일이다. 이러한 선별 과정을 거친 결과 오늘날 포도주의 주원료로 쓰이는 유럽종 포도(Vitis Vinifera)가 나오게 되었고,[1] 이것이 야생이 아닌 재배 작물로서의 포도가 시작된 과정이다.

그럼 사람들은 언제, 어디서 최초로 포도를 재배하기 시작했을까? 대략 기원전 6000년에서 기원전 4000년 사이, 카스피해와 흑해 사이의 캅카스 산지 주변 지역에서 최초로 포도 재배가 시작되었다고 보고 있다.[2] 캅카스 지방은 노아의 방주가 대홍수 때 닿았던 곳, 터키 아라라트산 바로 북쪽에 위치하는 곳이다. 이 산은 방주에서 나온 노아가 홍수 이후에 포도를 재배한 곳으로 알려져 있다.[3] 그리고 보면 포도 재배는 캅카스 지방에서 시작해 인근 지방으로 퍼져 나갔고 시간이 지나 세계적으로 확산했다고 볼 수 있다.

사람들이 포도를 최초로 재배하기 시작한 때는 짐승을 사냥하고 가축을 기르며 야생에서 과일이나 여러 식물을 캐고 동시에 농사를 짓기 시작한 신석기였다. 포도주용 포도를 포함한 여러 농작물을 경작하면서 정착 생활이 가능해진 시기였고, 포도 재배는 정착 사회를 형성시키고 문명을 발달시키는 한 요인으로 작용했다.[4]

2. 포도의 생김새

포도는 과일로서 포도 열매만을 의미하기도 하지만 종종 열매를 포함한 포도나무 전체를 가리키는 말로 사용하기도 한다. 여기서는 나무의 의미가 강할 때만 포도나무로 쓰고 포도 열매를 포함한 그 외의 경우에는 포도라고 이름하기로 한다.

세계적으로 흔히 보는 포도나무는 연한 녹색 잎을 가진 덩굴성 나무의 생김새를 가지고 있다. 그러나 일반적인 포도나무와는 모양이 다른 포도나무도 많다. 그것은 포도를 재배하는 농부들이 포도나무 모양을 어떻게 만들었는가에 따라 다양한 유형의 포도나무가 만들어지기 때문이다.

포도나무의 수형은 크게 주간에서 매년 장초 결과지를 갱신해서 사용하는 머리형(Head)과 주간에 보조 결과모지를 형성하여 이로부터 결과지를 얻는 팔형(Arm)으로 나눌 수 있다. 머리형은 머리의 위치가 높은 경

포도나무 생김새

한팔형   양팔형   단일 귀요형   이중 귀요형

제네바 이중 커튼형   헨리형   퍼골라형

이중 하프형   고블릿형   바구니형

포도나무 수형

포도 잎사귀와 덩굴손

우에는 일반적으로 결과지를 아래로 자라게 하고, 낮은 경우에는 결과지
가 위로 자라게끔 한다. 단일 귀요형, 이중 귀요형, 고블릿형, 헨리형은
머리형이고, 한팔형, 양팔형, 제네바 이중 커튼형, 퍼골라형, 이중 하프형
은 팔형의 수형에 해당한다.

포도 열매 빛깔

포도 열매 단면도

꼭지
씨방
관다발
중앙
밑씨
표피
씨
배
씨껍질
배젖
열매살
사이살
속살
겉살
표피 관다발
껍질

　포도나무는 잎사귀가 넓은 활엽수이자 기온이 내려가면 잎을 떨구는 낙엽수이다. 넝쿨 줄기로 자라는 덩굴성 나무로, 덩굴손이 줄이나 장대 등을 감아 타면서 덩굴은 길게 뻗어 자란다.

　포도 열매는 둥근 모양으로 과육과 액즙이 많고 속에 씨가 들어 있는 과실로 가을에 익는다. 포도 열매는 포도나무 종류에 따라 푸른빛, 자줏빛, 검은빛 등 여러 가지 빛깔을 띤다. 포도 맛은 달고 새큼하여 생과일로 먹거나, 건포도 또는 포도주로 만들어 먹는다.

　포도나무는 일조량이 적고 기온이 떨어지는 계절이 오면 잎 속의 영양분을 줄기로 보내고 잎을 떨어뜨린다. 낙엽은 포도가 살아남기 위한 생존 전략으로서, 추운 계절에 잎은 포도에 해가 된다. 이파리를 떨어뜨림으로써 포도나무는 휴식을 취할 수 있게 된다. 그러므로 포도 재배는 계절의 변화가 있는 기후 지역에서 유리한 농업이다. 계절의 변화가 거의 없는 열대와 한대 기후, 아주 건조한 사막 기후에서는 재배가 쉽지 않은 작물

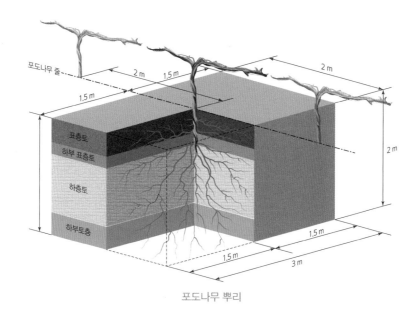

포도나무 뿌리

인 것이다.

또 포도나무는 커다란 잎을 가져 작은 잎이나 뾰족한 잎에 비해 광합성
작용에 유리하다. 특히 키 큰 활엽수는 키 작은 식물과의 햇빛 경쟁에서
우위를 차지할 수 있어 다양한 자연환경에서도 잘 적응한다.

포도나무는 성장 계절에 따라 잎, 덩굴손, 꽃, 열매가 차례로 나타나며,
각 계절의 기후를 견뎌내기 위해 어린 가지, 큰 가지, 줄기, 뿌리를 발달
시킨다. 포도나무는 기어오름으로써 햇볕을 받고, 토양으로 뿌리를 깊게
내려 수분과 영양소를 얻기 위해 경쟁한다. 포도나무는 지하의 수분과 영
양소에 잘 접근할 수 있는 심층 뿌리 시스템을 갖추고 있어 건조한 기후
조건이나 모래, 자갈 등 굵은 입자로 구성된 토양 조건에서도 수분에 접
근할 수 있는 능력이 우수하다.[5]

3. 다양한 포도 품종

포도과(科)에는 11속(屬), 약 700여 종(種)이 있으나, 경제적으로 이용할 수 있는 것은 포도속(Vitis)뿐이다. 재배종 포도는 모두 이에 속하며 150여 종이 있다고 한다. 실제 포도 재배에 주로 이용되는 종은 크게 유럽종, 미국종, 유럽종과 미국종 간의 교잡종 등 세 가지가 있다. 세부적인 포도 품종은 15,000여 품종이 보고되고 있으나, 동종이명(同種異名)을 제외하고 약 8,000여 품종이 실제로 존재하거나 존재했을 것으로 추측하고 있다. 그중 약 95%가 유럽종이며, 용도별로 보면 약 90%가 포도주나 건포도 등 가공용이고 포도 열매를 그냥 먹는 생식용 품종은 얼마 되지 않는다.[6]

1) 유럽종 포도(Vitis vinifera)

유럽종 포도의 원산지는 포도의 최초 재배지인 캅카스 지방으로 포도주용, 건포도용, 생식용 등으로 이용되고 있으며 전 세계 포도 생산량의 대부분을 차지하고 있는 종이다. 포도 품종이 매우 좋으며 세계의 유명한 포도주는 거의 유럽종으로 만든다. 지중해성 기후 지역은 물론 척박한 땅에서도 잘 자라고 일부 품종은 석회토양에서 좋은 향을 낸다. 그러나 유럽종은 추위와 병충해에 비교적 약하고 습기에도 약하다.

과실은 대부분 타원형이며, 당도가 높고 과피가 얇으며 과육과 잘 분리되지 않는다. 잎은 세 갈래에서 다섯 갈래로 난 톱니 모양을 하고 있으며 얇고 뒷면에 털이 조금 나 있다. 가지의 색은 담갈색이며 마디의 길이가

샤르도네

말벡

짧고 덩굴손은 마디마다 나지 않는다. 유럽종 포도에는 백포도주용 포도인 샤르도네, 적포도주용 포도인 말벡 등이 있다.

2) 미국종 포도(Vitis labrusca)

미국종 포도는 미시시피강 동쪽의 애팔래치아 산지 일대가 원산지이며, 주로 포도주용과 주스용으로 이용된다. 추위와 병충해에 비교적 강하고 습기에도 강하나 유럽종에 비하여 포도알이 작고, 당도가 낮은 등 품질이 떨어진다. 미국종 특유의 향(Foxy)[7]이 있어 생식용으로서의 상품성이 낮다.

나이아가라   미국종 포도

과실은 대부분 원형이며, 과피는 두껍고 과육과 잘 분리되는 특성이 있다. 포도송이는 그렇게 크지 않지만 착립성이 좋은 편이다. 잎은 크고 두꺼우며, 세 갈래로 뻗어 있다. 잎의 끝은 부드럽고 뒷면에 흰 털이 많이 나있다. 가지의 색은 적갈색이며 마디의 길이가 길고 덩굴손이 마디마다 나있다.[8]

3) 교잡종 포도(French-American Hybrids)

추위나 병충해에 강하나 포도알이 작고 품질이 떨어지는 미국종과 품질이 우수하나 추위나 병충해에 약한 유럽종의 단점을 보완하기 위해, 미국종과 유럽종을 교배하여 품질이 우수하고 추위나 병충해에도 강한 새로운 종을 육성하려는 시도가 계속 있었다. 이렇게 미국종과 다른 종을 서로 교배하여 개량한 품종을 통틀어 교잡종이라고 한다. 더러는 이 종을 미국종으로 분류하기도 한다.

오로라　　　　　　　　　　　　　　　　　　　　　　바코 누아르

　우리나라와 같이 겨울철 추위가 심하고 생육기에 비가 많이 와서 유럽
종을 노지 재배하기 어려운 곳에서는 교잡종 품종을 재배하는 것이 유리
하다. 실제 우리나라에서 많이 재배되고 있는 캠벨얼리, 거봉, 델라웨어
등의 포도종이 여기에 해당한다. 우리나라에서는 주로 생식용으로 재배
하지만, 유럽종 포도의 겨울철 노지 월동이 어려운 미국의 뉴욕주, 워싱
턴주 등지에서는 주스용으로 많이 재배하고 있다.

4. 포도의 일생

　남아메리카의 고산지대에서 자라는 포도나무 일부를 제외한 거의 모든
포도나무는 일 년을 주기로 열매를 맺는다. 따뜻하고 계절의 변화가 뚜렷
한 프랑스의 포도 농사는 대체로 다음과 같은 주기를 갖는다.[9]
　포도나무가 생장하기 시작하는 2월과 3월에는 가지치기가 끝나고 잘린

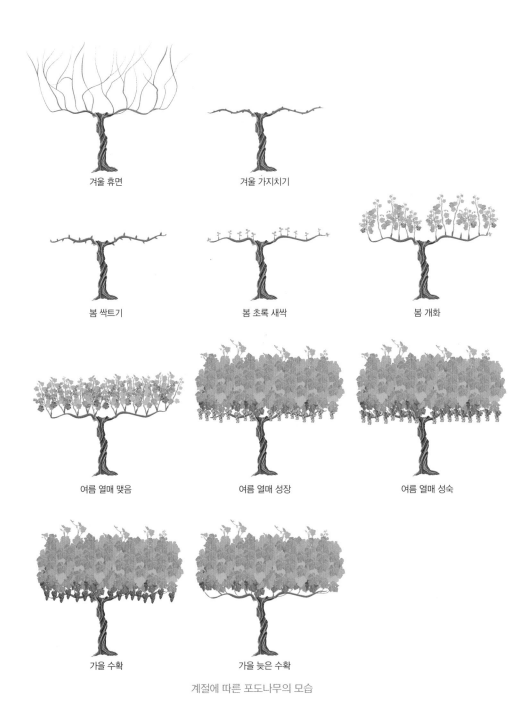

겨울 휴면

겨울 가지치기

봄 싹트기

봄 초록 새싹

봄 개화

여름 열매 맺음

여름 열매 성장

여름 열매 성숙

가을 수확

가을 늦은 수확

계절에 따른 포도나무의 모습

포도야, 넌 누구니

부위에서 물방울이 맺힌다. 물방울이 맺히는 현상이 나타난다는 것은 흙이 따뜻해지면서 나무뿌리가 다시 생명 활동을 시작한다는 증거이다.

3월과 4월에 접어들어 평균 기온이 10℃를 넘어가는 날이 계속되면 눈이 자라나기 시작하고 얼마 안 되어 파란 싹이 올라오는데 이것을 발아 현상이라고 한다. 돋아난 싹이 다 자라는 데에는 약 4개월이 필요하다.

6월이 되면 꽃망울이 맺히고 곧이어 나뭇잎도 돋아난다. 수정된 꽃은 얼마 안 되어 곧 작은 열매를 맺는데 이때가 결실기이다. 초기의 열매는 작고 녹색을 띠지만 성장하여 익기 시작하면 적갈색으로 변한다. 열매는 보통 8월이면 완전히 다 익는다. 포도송이가 자라는 동안 나뭇잎도 무럭무럭 자라 광합성을 통해 열매에 당분을 공급한다.

이후 나뭇잎이 떨어질 때가 되면 푸르던 잔가지가 목화(木化) 현상으로 인해 갑자기 딱딱한 나뭇가지로 변해 버린다. 딱딱한 나뭇가지 안에는 녹말이 저장되어 있다. 수확이 끝나면 포도나무는 잎사귀를 모두 떨어뜨리고 비축해 둔 녹말로 겨울 휴지기를 보낸다.

그리고 이듬해 봄이 되면 포도나무는 이 녹말을 영양분 삼아 다시 싹을 틔운다.

포도 농사에서 중요한 작업 중의 하나는 가지치기다.[10] 가지치기는 포도를 수확한 이후부터 날이 풀리기 전까지 포도밭에서 해야 하는 작업이다. 대부분 손으로 해야 하는 작업이므로 작업량이 많다. 보통 한 나무에서 작년에 나온 가지 중 한두 개만 남겨 놓고 80~90%의 가지들은 가지치기를 통해 모두 다 잘라 버린다.

'가지치기를 어떻게 하는가'는 지역적인 특성, 품종과 가지 묶는 방법 등에 따라서 달라질 수 있다. 가지치기한 것을 보면 이미 가을에 수확할

양을 가늠할 수 있다. 수확량은 포도주 품질에 결정적인 영향을 미치는 요소 중 하나이기 때문에, 크게 보면 포도주의 품질을 결정하는 첫 번째 단계라고 볼 수 있다.

설명하자면 한 나무에 너무 많은 가지, 즉 눈을 너무 많이 남겨 놓으면 수확량은 많겠지만 나무가 모든 포도를 잘 익게 할 힘이 부족해서 품질이 떨어질 수 있고, 너무 적게 남겨 놓으면 포도가 너무 커지거나 이파리가 적어서 광합성 작용이 충분하지 못해 좋은 품질의 포도를 얻을 수 없다. 다시 말해 나무와 품종의 특성에 따라서 적당한 가지치기를 해야 하고, 또 그렇게 해야만 나무의 생명과 생장력을 잘 유지할 수 있다.

포도야, 넌 누구니

· 두 번째 보따리 ·

포도가 재배된다

1. 포도는 이런 곳과 저런 곳에서도 재배된다

1) 이런 곳에서

포도밭은 극지방과 적도지방을 제외한 전 세계에 걸쳐 조성되어 있으며, 그중에서도 남·북위 30°와 50° 사이의 지역에 집중적으로 분포하고 있다(30쪽 지도[1] 참조). 이글거릴 정도의 무더위(열대 기후)나 얼어붙을 정도의 추위(한대 기후)만 아니면 어디에 심어도 다 잘 자라기 때문이다.[2] 포도가 천천히 익을 수 있게 도와주는 길고 건조한 여름이 있고 포도나무에 필수적인 휴식을 주는 길고 추운 겨울이 그 뒤를 잇는, 계절의 변화가 뚜렷하게 나타나는 곳이면 더 좋다.[3]

일반적으로 포도의 품질은 포도 재배 지역의 기후·지형·토양 등의 자

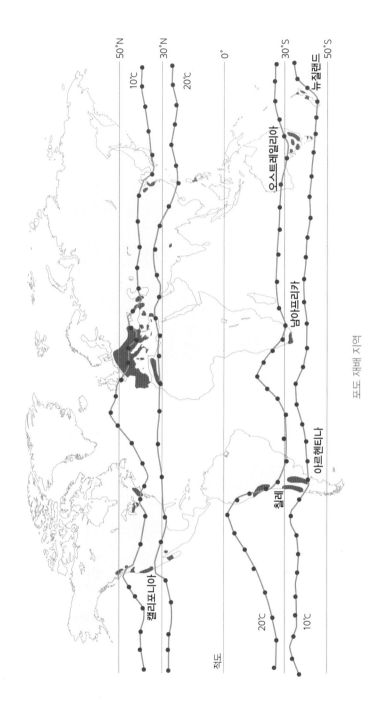

포도 재배 지역

포도야, 넌 누구니

연조건과 포도 품종, 포도 재배 기술 등의 조합에 의해 결정된다. 포도 재배에 영향을 미치는 자연조건은 실로 다양하다. 구체적으로 말하면 포도 재배는 재배 지역의 기온과 강수는 물론, 포도밭의 햇빛 받는 시간과 포도밭의 각도, 포도밭 경사면의 위치와 기울기, 토양의 종류와 특성, 물 공급과 배수 조건, 지열, 강이나 호수에 반사되는 빛 등의 다양한 자연조건에 영향을 받는다. 이와 같은 포도밭의 자연조건을 한마디로 테루아(terroir)라고 한다. 이 말은 포도와 포도주의 대표적인 나라 프랑스에서 만들어진 용어다.

엄밀히 말하면 테루아는 주어진 자연조건만을 의미하지 않는다. 포도 재배에 그냥 주어지는 이상적인 테루아는 존재하지 않기 때문이다. 그래서 농부들은 적합하지 못한 포도 재배 환경을 적합한 환경으로 바꾸는 일을 하게 된다. 포도 재배에 적합한 테루아로 만드는 것이다. 예를 들어 구릉의 꼭대기 부근에 숲을 만들어 구릉 너머에서 포도밭으로 불어오는 추운 바람을 막아 포도 재배지로 만드는 경우가 이에 해당한다. 마치 풍수지리에서 풍수적으로 부족한 부분을 보완하여 땅을 이용했던 비보 풍수(裨補風水)의 원리와 유사하다. 또 지역에 따라 테루아가 다양하기 때문에 무엇보다도 그 테루아에 맞는 포도 품종을 선택하는 것이 포도 재배에 있어서 매우 중요한 요소이다.

이뿐만 아니라 포도밭의 위치와 지형, 기후 등이 지역에 따라 달라, 포도 재배에 있어 상대적으로 중요하게 작용하는 테루아 요소가 재배 지역마다 다르게 나타난다. 예를 들어 독일의 라인강과 모젤강 변의 포도밭은 강수량이 적고 경사져 있어 토양 배수에 크게 신경 쓰지 않아도 되지만, 그 위치가 고위도이므로 일조량을 충분히 확보해야 하는 문제가 큰 걸림

돌이 된다. 반면 프랑스 보르도의 포도밭은 일 년에 태양의 일조 시간이 2,000시간이나 되고 평균 기온도 12~13℃나 되어 이상적인 기후 조건을 갖추고 있다. 그러나 경사가 완만한 구릉지에 분포하고 있어 토양의 배수에 특별한 주의를 기울일 필요가 있는 테루아이다.

2) 저런 곳에서도

주어진 재배 조건이 극히 불리한데도 포도를 재배하고 있는 유럽의 두 섬을 소개하고자 한다. 대서양에 있는 스페인의 란사로테섬과 지중해에 있는 그리스의 산토리니섬이다. 두 섬은 세계적으로 여행지나 포도주로 유명한 섬이다. 포도주로 유명해진 것은 포도 재배에 적합한 테루아를 만드는 데 성공했기에 가능했다. 그래서 저런 곳에서도 오래전부터 포도가 재배되고 있었다.

먼저, 스페인의 란사로테섬은 아프리카 해안에서 대서양 쪽으로 떨어져 있는 카나리아 제도(諸島)의 한 섬이다. 용암 분출로 만들어진 섬의 토양은 화산재이다. 그런데 화산재는 수분 보유 능력이 떨어져 작물은 대부분 건조한 란사로테섬에서 자랄 수 없었다.

그렇지만 토양이 수분을 보유할 수 있는 곳까지 깊이 뿌리를 내릴 수 있는 작물인 포도는 여기서 생존할 수 있었다. 더불어 기업가 정신으로 무장한 포도 농가들은 수분 증발을 심화시키는 바람을 막기 위해 작은 돌담을 쌓았다. 돌담을 둘러친 구덩이들은 수분 증발을 막는 데 유효했다. 아주 적은 양이지만 오히려 수분을 모으는 데 도움이 되었다. 뿌리를 깊이 내릴 수 있는 포도 작물의 특성과 농가의 돌담 쌓기가 다른 작물은 재배

란사로테섬의 포도밭 전경

되기 어려운 란사로테섬에서 포도 재배를 가능하게 했다.

그 결과, 화산암으로 된 낮은 반원형 돌담과 구덩이, 그리고 그 안에 땅 위로 뻗는 포도나무가 조합된 독특한 경관이 형성되었다.[4] 이곳에서 생산된 포도주가 란사로테 원산지로 인정받으려면 자연적으로 발생하는 수분 외에 별도로 물을 주면 안 된다고 한다. 그렇지 않으면 란사로테 포도주라는 이름을 얻을 수 없기 때문이다.

다음은 그리스의 산토리니섬으로 에게해 남부에 있는 화산섬이다. 이섬의 포도나무 생김새는 다른 지방의 포도나무와 다르다. 예수의 가시 면류관처럼 생긴 포도나무가 동그란 바구니 모양을 하고 땅에 바짝 엎드려 있다. 산토리니에선 이런 포도 재배 방식을 '쿨루라(kouloura)'[5]라고 한다. 쿨루라는 바람과 햇빛이 가혹하리만큼 강렬한 산토리니에서 포도를 보호하기 위해 수천 년 전부터 행해져 온 재배 방식이다.[6]

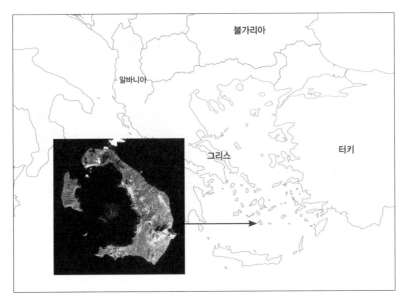

산토리니섬의 위치

산토리니섬의 전통 포도 재배 방식 '쿨루라'

포도야, 넌 누구니

이를테면 나무줄기가 자랄 때 가지치기를 하면서 둥글게 똬리를 틀어 주는 방식이다. 그러면 무성하게 자란 포도 잎들이 똬리 안쪽으로 열린 열매를 뜨거운 햇빛과 거센 바람으로부터 지켜 주고, 똬리는 바다에서 밀려온 안개를 가둬 내부 습도를 유지해 주는 효과를 볼 수 있다.[7]

2. 포도 재배의 최적 기후

포도는 올리브, 레몬, 오렌지와 같이 지중해성 기후에 잘 적응하는 식물이다. 쾨펜의 기후구분으로는 지중해성 기후를 온대 하계 건조 기후(Cs)라고 한다. 지중해성 기후는 말 그대로 지중해 연안에서 가장 뚜렷하게 나타나기 때문에 붙여진 이름이다. 이 기후는 지중해 연안을 포함하여 남·북위 30°~45° 사이, 그중에서도 대륙의 서안에 집중해 있으며, 겨울에는 상대적으로 온화하고 여름에는 고온 건조한 기후가 나타나는 것이 특징이다. 지중해성 기후 지역의 식물들은, 특히 사막 기후와 같은 여름의 가뭄 조건에 적응하기 위해 여름에 휴지기를 갖거나 수분을 보유할 수 있는 두껍고 반질거리는 잎사귀를 발달시킨다. 그런데 포도는 이 같은 식물과 달리, 지하 심층에 저장된 물을 빨아올릴 수 있는 심층 뿌리 시스템을 발전시킴으로써 여름의 건조한 기후에서도 생존할 수 있다.

서안 해양성 기후(Cfb) 지역은 지중해성 기후 지역에 버금가는 포도 재배 적지(適地)에 해당한다. 서안 해양성 기후는 지중해성 기후 지역 바로 이웃에, 또는 지중해성 기후 지역에서 그보다 고위도지방 쪽으로 나타난다. 그리고 이름에서 알 수 있듯이 이 기후는 대륙의 서해안에 분포한다. 중위도에서 바다로부터 불어오는 편서풍은 이 지역의 기온을 따뜻하게 해 주기 때문에 지중해성 기후 지역과 해안 쪽에 가까운 지역들은 포도 재배에 좋은 조건을 갖추고 있다. 그러나 적도로부터 너무 멀리 떨어져 있는 스코틀랜드, 노르웨이, 알래스카와 같은 서안 해양성 기후 지역은 포도 재배가 곤란하다.[8]

가장 보편적인 기후 테루아는 크게 보아 지중해성 기후 지역과 서안 해양성 기후 지역이긴 해도, 이것은 어디까지나 '이런 곳에서'일 뿐이며, 지역을 좁히면 '저런 곳에서도'의 원리가 작용한다. 그래서 포도 재배의 테루아에 영향을 주는 기온, 일조량, 강수 등 기후 조건을 구체적으로 좀 더 알아보는 것이 좋겠다.

1) 기온은 몇 도가 적당할까?

포도 재배에 적합한 연평균 기온은 11~16℃ 사이, 평균 13℃ 정도이다. 기온이 9℃ 이하로 내려가면 너무 추워 포도를 재배하는 데 부적합하다.[9] 모든 포도나무는, 특히 유럽종 포도는 추운 날씨를 싫어해서 봄에 기온이 영하 3℃만 되어도 싹이 얼고 수확은 크게 줄어든다. 겨울 날씨가 영하 15℃에서 20℃까지 내려가고 여기에 바람과 습기까지 겹치면 포도나무는 못쓰게 되어 베어 버려야 한다. 이런 이유로 유럽의 경우, 북위 50° 이북에 있는 지역이나 따뜻한 바닷바람의 영향을 받지 못하는 내륙 지방은 포도 농사가 어렵다.

포도 경작이 가능한 지역에서는 남북에 걸쳐 여러 품종이 분포하는데, 품종에 따라 발아 시기(얼마나 빨리 싹을 틔우는가), 생장 주기에 필요한 열량(발아기와 비교하면 수확기에는 45%의 열량이 더 필요하다), 포도가 익는 시기 등이 각각 다르다.[10]

포도는 품종마다 익는 데 충족시켜야 할 기온 조건이 다르므로 포도 재배에서는 열기와 냉기의 기후 환경을 잘 따져 보아야 한다. 예를 들면 리슬링 품종은 독일의 서늘한 계곡에서 잘 익지만, 시라 품종은 그렇지 못하다. 반대로 리슬링을 프랑스의 론밸리에서 재배하면 태양에 구워 낸 듯 너무 익어 버리지만, 시라는 그곳에서 작열하는 태양의 양기를 듬뿍 받으며 완벽한 상태로 익는다.[11]

2) 일조량은 얼마나 필요할까?

기온 못지않게 일조량 또한 포도 재배에 큰 영향을 주는 기후 요소이다. 일조량에 따라 포도나무가 광합성을 통해 포도송이에 공급하는 당분의 양이 달라지기 때문이다. 조생종 포도가 익기까지는 약 1,200시간의 일조량이 요구되며, 만생종의 경우에는 1,600시간의 일조량이 필요하다. 일조량은 포도밭의 지형(방향이나 비탈의 경사, 앞에 언덕이나 산이 있는가)에 따라 달라진다. 또 포도나무를 어떻게 심었는가(나무가 열을 이룬 방향, 나무들 사이의 간격, 가지치기한 잎의 밀도 등)에 따라서도 필요로 하는 일조량이 다르다.[12]

기후가 서늘한 프랑스 부르고뉴 지방의 포도밭은 매일 따뜻한 햇볕을 받을 수 있는 위치에 분포한다. 풍부한 일조량이 확보되어야 기온이 낮은 지역이라는 포도 재배의 불리한 조건을 극복할 수 있기 때문이다. 심지어 똑같이 기름진 좋은 포도밭에 심은 같은 품종의 포도라 하더라도 일조량

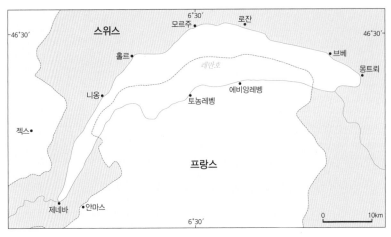

스위스 레만호

의 차이는 포도주 맛의 차이로 직결된다.[13]

　스위스 레만호의 북안(北岸) 라보 지방에는 북위 46°30′이고 급경사지임에도 불구하고, 돌담(테라스)으로 둘러싸인 계단식 포도밭들이 드넓게 펼쳐져 있다. 이곳의 포도는 당도가 아주 높은데, 이는 '세 개의 태양', 즉 남쪽 하늘의 태양, 레만호에 반사되는 햇빛, 돌담이 머금고 있다 밤이면 뿜어내는 열기가 포도 재배에 적합한 테루아를 만들어 주기 때문이다.[14] 계단식으로 포도밭을 만든 것은 토양 침식을 예방하기 위한 목적이지만, 계단식일지언정 포도밭을 이루게 한 것 역시 '세 개의 태양'이 있었기 때문에 가능했다. 여기에 인간의 노력이 들어간 라보 지방의 계단식 포도밭은 천 년이 넘는 시간 동안 인간과 자연 사이의 상호작용을 보여 주는 대표적인 경관이 되어 유네스코 세계유산에 지정되었다.

라보의 계단식 포도밭

레만호를 내려다보는 남사면의 라보 포도밭

3) 비는 어느 정도 내려야 할까?

포도 재배에 필요한 강우량은 일조량과 지형 조건에 따라 다르지만, 최소 450mm에서 최대 1,000mm까지이며, 최적 강우량은 500~600mm 정도로 꽃이 피고 성장할 때 월 50mm 정도의 비가 내리면 이상적인 비의 양이다. 연강우량이 1,000mm 이상이면, 우기에 포도가 부패하거나 배수가 잘되지 않는 흙에서는 포도 뿌리가 쉽게 썩는다. 반면에 연 최소 강우량이 300~400mm 이하로 내려가면 포도밭은 주기적인 관개(灌漑)가 필요하다.[15]

포도 재배에는 안개도 한몫한다. 공기 중에는 질소가 78% 포함되어 있어, 안개가 공기 중의 질소를 포도나무에 자연스럽게 공급해 주는 역할을 하기 때문이다. 수증기를 많이 포함하고 있는 대기의 온도가 이슬점 아래로 내려가 공기 중에 물방울로 응결되어 생기는 안개는 포도나무의 보약과 같은 존재이다. 같은 원리로, 공기 중의 수증기가 포도나무 줄기나 잎의 표면에 응결하여 생기는 이슬 역시 안개와 비슷한 역할을 한다.

이같이 포도나무가 성장하는 계절에는 안개와 이슬의 역할이 중요하므로, 공기 중의 습도가 높아야 하고 밤낮의 일교차도 커서 대기의 온도가 쉽게 이슬점 아래로 내려갈 수 있어야 한다. 인접한 바다와 강에서 불어오는 바람이 수증기를 제공하고 밤에는 차가운 바람이 불어와 온도를 낮춰 주는 산이나 계곡이 좋은 포도 재배지로 꼽히는 것도 바로 이런 이유에서다.[16]

그리고 포도 재배에 영향을 미치는 다른 중요한 요인은 물이다. 물은 매우 중요하며 포도나무에 필요한 강우량 외에도 물이 포도의 수확에 영향을 미치는 경로는 다양하다. 토양의 수분 저장 능력, 바람과 공기 중의 습도, 이슬, 가뭄에 대한 묘목의 저항력 같은 요인들이 모두 물과 관련이 있다. 그래서 물은 일정한 기후 조건 아래서 포도의 생장 상태를 바꾸어 놓는 가장 중요한 요인이라 할 수 있다.[17] 낮에 강한 햇볕이 비치고 바람이 아주 강하게 부는 불리한 자연조건인 그리스의 화산섬 산토리니에서 아침과 저녁으로 분화구 바닥에 짙게 낀 안개가 산 위의 포도밭으로 올라가 습도를 제공함으로써 포도 재배가 가능하게 된 것처럼.[18]

3. 기후의 약점을 보완하는 지형

포도밭이 어떤 지형—산지, 계곡, 강가, 호숫가, 바닷가—에 위치하는가에 따라, 또 포도밭의 해발 고도와 경사도 및 사면(斜面)의 방향에 따라 포도 재배에 미치는 영향 차이는 엄청나다. 지형 조건은 특히 포도 재배에 적합하지 않은 기후 조건을 보완해 주는 기능을 한다. 포도 재배에 불리하게 작용하는 기후 조건을 피하고 이것을 극복할 수 있게 해 주는 지형을 이용하면, 또는 인위적으로 지형을 변경하면 포도밭을 일굴 수 있는 환경이 조성되기 때문이다.

1) 사면의 경사도와 방향

이러한 지형 중에는 기후 조건으로는 충족되지 않는 적절한 기온과 일조량을 확보하는 데 도움을 주는 지형 특성이 있다. 산지의 방향과 경사면이 포도 재배에 도움을 주는 대표적인 지형 특성이다. 포도밭의 사면

독일 라인가우의 포도밭 전경

이 남쪽 또는 남동쪽으로 25~30° 경사졌을 때 태양열을 가장 많이 받는다. 지형의 경사가 10°일 때 일조량이 18%, 20°일 때 37%, 30°일 때 58%로 경사각이 커질수록 일조량이 많아진다. 하지만 북쪽으로 경사진 포도밭에서는 일조 시간이 짧고 또 받는 태양열도 적어서 좋은 포도를 생산할수 없다. 한편 지형의 경사가 너무 급하면 토양 보전은 물론 노동하기에불리하다. 따라서 농부들이 포도밭에서 편리하고 안전하게 일하기 위해서는 25~30°의 경사도가 적당하다고 보고 있다.[19]

예외적으로 포도 재배의 한계 지점인 북위 50°에 가까워 기후 조건이불리한 독일의 포도밭은 세계적으로 맛있는 포도주를 생산하는 이름난포도밭이 많은데, 그 이유는 무엇일까? 그 비결은 지형의 사면을 이용한포도밭에 있다. 그중에 독일 라인가우(Rheingau)의 포도밭은 남쪽으로약 25°에서 30° 경사져 있어, 일조량을 약 50~58%까지 받는 이상적인포도 재배 조건을 갖추고 있다. 위 사진에서 보는 바와 같이 라인가우의포도밭은 햇빛을 잘 받을 수 있는 라인강 변 경사지에 펼쳐져 있다.

포도야, 넌 누구니

또 독일 모젤강 변의 대부분의 포도밭은 세계에서 가장 가파른 경사를 가진 언덕에 분포해 있으며, 그중에서도 가파른 언덕에 자리 잡은 포도밭은 엘러 마을에 인접해 있는 칼몬트(Calmont)에 있다.[20] 칼몬트 포도밭은 독일뿐만 아니라 세계에서 가장 가파른 평균 68°의 경사면에 형성되어 있다. 멀리서 포도밭을 바라보면 포도나무가 수직 벽에 붙어 있다는 느낌이 들 정도라고 한다. 그래서 이곳에서는 포도나무를 하나씩 말뚝에 묶거나 철사로 고정해서 재배하고, 수확한 포도는 케이블을 이용하여 운반하고 있다.

어떻게 이런 가파른 언덕에서도 포도밭이 가능할까? 모젤 지방은 포도 재배의 북한계선에 위치하여 평지에서 재배하면 일조량이 충분하지 않을 수 있다. 또 매년 기후가 변동하고 있어 날씨가 좋지 않은 해에는 일조량의 절대량이 부족해지는 지방이다. 실제 모젤 지방은 일조량이 프랑스 남부 프로방스에 비하면 1/3 정도밖에 되지 않아, 일반적인 포도 재배 조건으로는 포도 재배 자체가 불가능할 수도 있는 곳이다. 그래서 포도를

칼몬트의 급경사지 포도밭

생산하려면 가능한 한 햇볕과 열기를 모두 활용해야만 했다. 이와 같은 이유에서 모젤 지방의 포도밭은 급경사일지라도 거의 예외 없이 직사광선뿐만 아니라 강물에 반사된 햇볕까지도 최대한 이용하기 위해 모젤강변의 남사면에 형성되어 있는 것이다.[21]

라인강 유역의 기후 또한 포도 재배에 이상적인 기후가 아니다. 이런 기후에도 불구하고 라인강 유역에서는 포도 과수 농업이 발달해 있다. 기후가 적합하지 않은 지역에 포도 재배 활동을 끼워 맞출 수 있었기 때문이다. 첫 번째는 차가운 날씨에도 잘 자라고 익는 포도 품종을 선택해 심었다는 것이고, 두 번째는 이 품종의 포도도 강의 어느 장소에서나 재배할 수 있는 것은 아니어서 강 북쪽 산지의 남사면에 포도밭을 조성했다는 데에 있다. 그래서 최상의 포도밭 다수는 남사면에 분포하고 있다.[22]

2) 푄 현상이 일어나는 지형

포도 재배에 적합한 기후 조건을 만들어 주는 또 다른 지형 조건, 즉 푄 (Föhn) 현상을 일으키는 지형(산맥)이 있다. 기온이 낮아 포도 재배에 불리한 지역은 푄 현상이 일어나면 기온이 높아져 포도 재배가 가능해진다. 푄 현상으로 포도 재배 적지가 되는 원리는 다음과 같다. 산맥을 넘어온 바람은 넘어오기 전보다 건조해지는데, 건조하면 맑은 날이 많아지게 된다. 그러면 햇빛 비치는 시간이 길어지고 일조량이 많아진다. 이로써 포도밭을 일구기에 안성맞춤이 되는 기후 지역이 되는 것이다.

이와 같은 지형 조건에 해당하는 대표적인 사례 지역으로 프랑스 알자스와 아르헨티나, 미국 북서부의 포도 재배지를 들 수 있다. 북위 47.5°~49°에 위치하는 알자스는 위도로만 평가하면 추운 지역으로 포도 재배에 적절한 지역이 아닌 것 같지만 오히려 지형 조건, 즉 보주(Vosges)산맥의 영향으로 포도 재배가 유리한 지역이 되었다. 산맥 서쪽으로부터 불어오는 바람과 비를 보주산맥이 막아 주어 발생하는 푄 현상으로 알자스는 포도 재배에 적합한 환경이 만들어졌다. 푄 현상의 영향을 받은 알자스 동부지역은 여름에 특히 건조하고 일조량이 풍부하여 포도 재배에 적절한 기후 지역이 된 것이다. 프랑스 외에 이러한 푄 현상의 영향으로 포도 재배가 가능해진 지역은 안데스산맥의 영향을 받는 아르헨티나이며, 이 지역은 최근 최대의 포도 산지로 발전하고 있다.[23]

미국의 대표적인 포도밭 지역 중의 하나인 북서부의 워싱턴주는 포도 재배의 한계(북위 50°) 지역에 가까운 북위 45°~49°에 위치하는 주이다. 워싱턴주의 기후는 비교적 서늘해 이에 맞는 품종인 리슬링, 샤도네이는

보주산맥의 푄 현상에 의한 포도밭과
알자스 지형도

물론, 기후가 온화한 지역인 프랑스 보르도의 주 품종인 카베르네 소비
뇽, 메를로와 프랑스 론의 주 품종인 시라의 생산도 많다. 어떻게 이런 일
이 가능할까?

그 이유는 워싱턴주 서부에 남북으로 길게 뻗어 있는 평균 해발고도

포도야, 넌 누구니

2,000m의 캐스케이드산맥에서 찾을 수 있다. 산맥이 태평양에서 오는 서늘한 기운과 축축한 비구름을 막아 주어 산맥의 서쪽은 비가 많이 오지만 포도밭이 몰려 있는 동쪽은 건조하면서 일조량이 매우 풍부한 기후가 만들어지기 때문이다. 특히 워싱턴주 내에서 최대 면적을 자랑하는 컬럼비아 밸리는 사막과 같은 건조한 기후와 적은 강수량, 하루 17시간의 풍부한 일조량 덕분에 워싱턴주에서 가장 오래되고 진한 풍미의 포도주를 생산하는 포도밭이 되었다.[24]

4. 자갈밭에서도 자라는 포도

1) 포도 재배에 좋은 토양

농부에게 농사하기 좋은 땅의 조건을 물으면 대개 '토양층이 두껍고 배수가 잘되는 땅'이라고 답한다. '양토(壤土)'라고 부르는 이 땅은 모래, 실트(silt), 점토가 거의 비슷한 비율로 이루어진 땅이다. 포도밭으로 가장 좋은 땅도 예외는 아니어서 모래, 실트, 점토가 적절하게 혼합된 토양이 최고다. 그 이유는 땅이 수분을 함유하고 수분의 흐름을 지연하기 위해서는, 특히 여름철 건조 기후에서는 충분한 양의 점토가 있어야 하고, 동시에 수분이 모세관수로 유지되되, 땅이 수분에 너무 흠뻑 젖는 것을 예방하기 위해서는 실트와 모래도 충분히 포함되어 있어야 좋은 땅이 될 수 있기 때문이다.

토양의 구성 물질 중 모래보다 실트, 실트보다 점토가 땅에서 수분을 함유하는 능력이 크다. 따라서 토양의 특성은 땅속에 있는 수분에 접근하기 위한 식물의 능력, 더 나아가 수분 속에 있는 영양소에 접근하기 위한 식물의 능력에 영향을 미친다. 토양에서 식물이 흡수하는 상당한 양의 영양소는 수분에 녹아 있기 때문이다.[25]

이처럼 토양은 포도나무에 지대한 영향을 미치기 때문에 포도주 맛은 토양이 좌우한다는 말은 과장이 아니다. 세계적으로 유명한 포도주들은 포도 재배에 알맞은 토양에서 자란 포도로 만든 것이라는 공통점이 있다.

2) 기후와 조화를 이루는 토양

하지만 아무리 비옥한 땅이라 하더라도 어떤 경우에는 포도나무에 적합하지 않을 수도 있다. 단순히 비옥한 땅이기보다는 토양과 기후와의 조화가 더 중요하기 때문이다. 수분을 잘 흡수하고 유지하는 점토는 습하고 차가워서 건조한 기후에서는 포도 재배에 적합하다. 반면에 수분을 잘 통과시키고 점토를 적게 포함한 자갈 토양은 온화한 기후에서 기온을 높여주는 효과가 있어 포도나무에 좋다.[26]

생명력이 강한 포도나무는 건조한 땅에서도 깊은 곳까지 뿌리를 뻗어 필요한 수분을 빨아올릴 수 있어, 사실 포도나무에 가장 적합한 토양은 건조 기후 지역의 토양이라고 한다. 또 자갈, 모래, 석회석, 진흙 등이 뒤섞인 척박한 땅에서 더 잘 자란다. 이 때문에 포도 재배는 다른 형태의 농업으로서는 불가능한 토양 환경에서도 가능하다.

3) 배수가 잘되는 토양

포도 재배에 요구되는 토양 특성 중 배수 조건은 중요한 요소로서 작용한다. 수분이 많은 땅은 차가워서 포도 숙성을 방해하지만, 배수가 잘되는 땅은 포도 숙성을 도와주기 때문이다. 산지 또는 구릉의 경사지는 배수가 잘되지만, 계곡 바닥은 배수가 잘되지 않아 갑자기 서리를 맞는 일이 잦다. 이런 배수 조건은 같은 마을이라도 집마다 달라 서로 전혀 다른 포도주를 생산하는 배경이 된다.[27]

4) 점판암을 이용한 모젤의 포도밭

포도 재배의 토양 조건에서 또 고려할 사항은 땅 밑에 분포해 있는 암석의 특성이다. 독일 모젤 지방에는 암석의 특성을 활용한 포도밭이 유지되고 있다. 이곳의 토양 성분은 주로 점판암이다. 이곳의 점판암 토양은 낮에 햇볕을 흡수해 저장한 온기를 기온이 내려가는 저녁에 내보내 줌으로써 포도 재배에 불리한 독일의 쌀쌀한 기후 조건을 극복할 수 있는 환경을 만들어 준다.[28] 바로 이러한 토양 특성이 모젤 지방에서 리슬링 포도가 잘 익을 수 있는 포도밭이 생겨나게 했다. 또 점판암의 광물질은 독특한 맛과 향을 가진 포도주를 생산할 수 있도록 만들었다.

그러나 경사가 급한 포도밭에 눈이나 비라도 오면 점판암이 아래로 잘 미끄러져 내려가는 문제가 발생해, 그때마다 농부들은 미끄러져 내려간 점판암을 다시 끄집어 올려야 하는 수고를 해야만 했다.[29] 또 토양 침식을 예방하기 위해 등고선 방향—경사를 횡단하는 방향—으로 농작물을 심는다.

　독일 모젤 지방의 포도밭 입지를 정리하자면 첫째 일조량을 충분히 확보할 수 있는 배수가 양호한 산지의 남사면에, 둘째 포도밭 앞 강에서 반사되는 햇빛을 얻을 수 있는 강변에, 셋째 열기를 저장하고 광물질을 제공하는 점판암 토양이 분포하는 지역에 위치한다. 한마디로 이곳의 포도

모젤 포도밭과 점판암 토양

포도야, 넌 누구니

밭은 기후, 지형, 토양의 특성이 조화를 이루고 있는, 다른 지역에서는 찾아보기 힘든 이상적인 포도밭이다.

5) 굵은 자갈을 이용한 아비뇽의 포도밭

프랑스 아비뇽 지방에는 굵은 자갈로 된 포도밭이 있다. 아비뇽 교황청 시절, 프랑스 교황은 아비뇽 북부 지방의 굵은 자갈이 지표면을 뒤덮은 땅에 포도나무를 심고 '교황의 새로운 성'이라는 뜻의 '샤토 네프 뒤 파프'라는 포도밭을 일구었다고 한다. 자갈은 지중해로 흐르는 론강에 의해 퇴적된 둥근자갈로 포도밭 유지에 요긴하게 쓰였다. 프랑스 남부의 뜨거운 햇빛으로부터 포도밭을 보호하고, 열을 저장한 후 서늘한 밤에 포도밭에 열을 다시 내뿜음으로써 포도의 숙성에 도움을 주었다. 특히 둥근자갈밭

샤토 네프 뒤 파프 포도밭

은 프랑스 중앙고원에서 론강 계곡으로 부는 미스트랄이라는 한랭건조한 북서풍으로부터 포도나무를 보호해 주는 데에 가장 큰 역할을 한 일등 공신이었다.[30]

6) 토양에 따라 달라지는 포도주 맛

앞에서 말했듯이 같은 품종의 포도를 재배하는 포도밭일지라도 토양의 종류와 특성에 따라 포도주 맛은 상당히 달라진다. 독일의 경우, 모래가 많이 섞인 적색 점토에서는 포도즙의 농도가 높고 산(酸)이 많은 포도주가 생산되고, 석회질을 함유한 황토에서는 포도주가 연하다. 석회질이 많은 이토(泥土)에서는 알코올 함량이 비교적 적으나 향이 좋고 포도주가 부드럽다. 반면 철분이 함유된 이토에서 자란 포도로 만든 포도주는 알코

스페인 리오하 마르케스 데 카세레스 포도밭: 아비뇽 포도밭처럼 굵은 돌로 뒤덮여 있다.

올 함량이 높고 색깔이 매우 진하다. 사석(沙石)과 각력암(角礫岩)이 풍화되어 형성된 기공이 많은 모래땅에서는 포도주 색깔이 밝고 향기가 향긋하며 가볍고 연하다.[31]

7) 빙하토에 만들어진 보르도 포도밭

프랑스 보르도에서의 포도밭은 마지막 빙하기에 형성된 잘게 쪼개진 암석과 혼합된 자갈과 모래로 이루어진 빙하퇴적물이 있는 곳에 조성되어 있다. 보르도 포도밭 조성에는 이곳의 기후인 서안 해양성 기후도 한몫을 했다. 서안은 내륙보다 연교차가 상대적으로 작아 여름 기온이 낮고, 늦은 봄과 이른 가을의 서리 발생 빈도를 낮추어 준다. 이와 같은 해안 근처의 기후 조건은 빙하토(氷河土)를 카베르네 소비뇽 품종의 포도 생산에서 가장 이상적인 토양이 되게 했다.[32]

5. 포도 재배와 수확

1) 포도 재배

포도가 야생하게끔 내버려 두면, 포도는 끊임없이 가지를 뻗고 제멋대로 자라 별로 맛은 없으면서 크기도 작은 열매를 맺을 수밖에 없다. 따라서 좋은 포도 열매를 얻기 위해서는 포도나무의 자연 성장을 억제하고, 포도 열매와 나무 간의 적절한 균형이 필요하다. 최고 품질의 잘 익은 열매를 충분히 얻는 일과 내년에 새잎과 잔가지에 공급할 양분을 충분히 나무에 저장해 두는 일을 동시에 만족시켜야 하는데, 이것이 포도 재배의 핵심적인 내용이다.

포도 재배에 있어 중요한 일은 가지치기다. 가지치기는 아무렇게나 하는 것이 아니고 정해진 엄격한 규정이나 각 지방의 관례를 따라 실시한다. 농부들은 예상하는 생산량이나 포도 수확의 기계화가 어느 정도인지에 따라 여러 가지 변형된 가지치기법을 발달시켜 왔다. 겨울의 가지치기는 포도나무 재배의 꽃이며, 포도나무의 성장 방식과 생산량을 조절하고자 실시하는 중요한 일이다. 이에 따라 앞으로 얼마나 좋은 포도 열매가 열릴 것인가가 결정되는 것이다.

포도를 재배할 때는 생산량만 생각해서는 안 되며 수확한 뒤 밭을 잘 가꾸어 땅을 기름지게 해 주고, 초봄에는 잡초를 뽑고 새 가지에 기생 식물이 앉지 않도록 예방책을 마련해 주어야 한다. 그리고 봄에는 새싹이 너무 많이 돋지 않도록 억제해 주어야 하고, 여름에는 가지가 뻗도록 해 주고 포도송이가 너무 많이 열리는 것을 방지하는 가지치기를 한다.[33]

2) 포도나무 재배 간격

유럽에서는 토양의 종류, 강수량, 포도밭의 경사, 땅속의 습도에 따라 1ha(100×100m)의 포도밭에 1,000~10,000그루의 포도나무를 심는다. 하지만 옛날에는 포도밭에 다른 곡물을 심어 농부의 양식이 되는 농작물과 포도주를 같이 생산했다. 예를 들어 19세기 말 프랑스의 보르도에서는 포도밭에 포도와 밀을 같이 심었고, 독일의 라인강 유역과 프랑스의 론 포도밭에서는 다수의 과수와 함께 포도를 심었다. 이탈리아의 프리아울과 오스트리아의 슈타이어마르크 포도주 산지에서는 포도밭에 닭과 염소를 같이 키우기까지 했다. 20세기 중반까지 이탈리아의 토스카나 포도밭에서는 밀, 귀리, 올리브를 같이 심었다.

그렇지만 최근에는 포도밭에 포도나무만 심고 있으며 제한된 숫자의 포도나무를 심어 포도주의 품질이 떨어지는 것을 예방하고 있다. 한편으로는 그루 사이의 간격을 조정해서 농기구가 효율적으로 작업할 수 있도록 만들어 비싼 인건비를 줄이고 있다.

프랑스와 독일의 고급 포도주용 포도밭에서는 땅값이 아주 비싸서 1㎡에 포도나무를 한 그루씩, 즉 1ha에 10,000그루를 아주 촘촘히 심는다. 이 경우에는 포도 뿌리가 뻗는 거리를 고려해서 적당량의 비료를 뿌리고, 여름에 날씨가 예상외로 더울 때는 포도밭의 표층토 위에 짚을 깔아 수분의 증발을 방지하면서 포도의 품질을 높이고 있다.

양질의 넓은 포도밭에서는 포도나무의 간격을 1.5m, 중간에 있는 진입도로의 폭을 1.9m로 해서 농기계가 쉽게 움직일 수 있도록 하고 있다. 그래서 1ha에 2,500~3,500그루의 포도나무를 심는데, 이는 3~4㎡에 한그루씩 심는 셈이다. 이 방법은 프랑스, 스페인, 독일, 이탈리아, 미국 등지의 토양이 좋은 땅에서 선택하며, 중급 이상의 포도주를 다량 생산할 수 있다. 이에 반해 스페인에서는 날씨가 아주 건조해서 땅속에 수분이 부족하므로 1ha의 포도밭에 1,600~2,000그루의 포도나무(5㎡당 한 그루)를 아주 폭이 넓게 심는다. 포도밭의 토양이 좋지 않아 고급 포도주를 만들 수 없는 경우에는 포도나무 간격을 2.5m 이상 띄워 1ha에 1,000~1,100그루의 포도나무를 심는다. 이 방법으로는 한 그루 당 상당한 양의 포도

를 수확할 수 있고, 수확된 포도는 값싼 식탁용 포도주를 만드는 데 이용되고 있다.**34**

3) 포도 수확

'포도 수확'이라는 말의 사전적 의미는 '포도주를 만들기 위해 포도를 따는 행위'를 말한다. 하지만 이런 식의 설명은 이 낱말의 본질과는 거리가 멀며 특히 포도 수확의 환경적 조건에 대해서는 제대로 된 설명을 담아내지 못하고 있다. 수확할 때의 환경 조건은 매우 중요하다. 우리의 입맛을 자극하는 음료를 만들려면 1차 재료인 포도의 품질이 가장 중요한데 포도의 품질은 수확할 때의 환경 조건이 어떠하냐에 따라서 달라지기 때문이다.

포도를 수확하는 일반적인 시기는 온난한 북반구의 기후 조건에서는 8월부터 10월 사이, 남반구에서는 2월부터 4월까지다. 그러나 이 3개월 안에 알맞게 잘 익은 포도를 언제 따야 할지 날짜를 잡는 일 또한 여간 까다로운 게 아니다. 뜻밖의 돌발 변수가 생기면 한 해 동안의 수고가 수확으로 이어지지 못할 수도 있기 때문이다. 따라서 구체적인 포도의 수확 일정은 지역과 품종에 따라 다르며, 제조하려는 포도주의 종류에 따라서도 다르다.

옛날에는 포도 수확을 모두 수작업으로 했으며 포도송이를 하나하나 따고 포도알을 일일이 떼어 내야 했다. 이렇게 수작업으로 수확하려면 숙련된 노동력이 필요하고, 그에 따른 인건비도 많이 들었다. 그럼에도 불구하고 수작업으로 포도를 수확하는 것은 포도가 익은 정도나 건강 상태에 따라 포도를 분류하고 선택할 수 있어 포도 품질을 일정하게 유지할 수 있었기 때문이다.

오늘날 대부분의 포도밭은 포도를 기계로 수확한다. 포도 수확의 기계화는 수확에 드는 비용과 시간을 절약시켜 주었다. 반면 포도의 품질을 떨어뜨리는 데 큰 역할을 하기도 했다.[35]

• 세 번째 보따리 •

포도가 퍼져 간다

1. 포도 재배의 확산 이유와 전파 지역

1) 포도와 포도주가 필요한 지역으로

포도는 인간에게 유용한 과일이다. 그래서 인간은 포도를 재배하기 시작했다. 시간이 흐름에 따라 포도 재배는 다른 지역으로 퍼져 나갔다. 인간 생활의 필요성에 의해 포도나무와 포도 재배 기술이 각지로 전파된 것이다.

포도가 처음 재배된 캅카스 지방에서 다른 지방으로 퍼져 나가게 된 가장 중요한 이유는 지역 간 접촉으로 다른 지방의 사람들이 포도와 포도주가 가진 가치를 알아보고 포도 재배를 도입했거나 포도 가치를 알고 재배 기술을 가진 사람들이 다른 지방으로 이주해 그곳에서 포도를 재배했기 때문이다. 포도주가 종교의식과 잔치를 치르기 위한 술로서, 물 대신 마시는 위생적인 음료로서, 건강에 유익한 약으로서 이용되는 등 다방면에 걸쳐 포도가 생활에 유용한 필수품이라는 정보를 가진 사람들이 포도 재배를 수용하거나 전파했다.

16세기 이후에는 유럽에서 아메리카로, 점차 남아프리카와 오스트레일리아, 뉴질랜드로 유럽인들이 이주함으로써 포도 재배도 함께 이곳에 이식되었다. 산업 혁명 이후에는 포도주 문화권의 인구가 증가하고 생활 수준이 향상되면서 포도주 소비량이 급증했고 덩달아 포도 재배 면적도 늘어났다.

2) 포도 재배가 가능한 환경을 따라

포도 재배가 다른 지방으로 전파된 것은 포도주에 대한 인간의 필요성만이 아닌 포도나무가 자랄 수 있는 자연환경과 포도주에 대한 인간의 필요성이 필요충분조건으로 맞아떨어졌기 때문이다. 포도 재배가 아무리 필요했다고 하더라도 자연환경이 맞지 않았으면 포도 재배는 전파될 수 없었다.

원산지 캅카스 지방의 기후가 여름에는 고온 건조하며 겨울에는 서늘하지만, 산맥이 최악의 겨울바람을 차단하고 흑해와 카스피해의 영향을 받아 춥지 않고 온화하다. 이런 원산지의 기후 환경과 유사한 지역, 즉 포도 재배에 적합한 기후 조건이 만들어지는 지역으로 포도가 전해지기 시작했다. 결과적으로 포도 재배는 포도의 생육 환경이 양호한 위도 30°와 50° 사이의 지역에 주로 전파되었다.

포도는 재배 가능한 세계 모든 지역으로 전파되었다. 포도는 원산지 캅카스 지방에서 지리적으로 가까운 터키, 이란, 이집트 등으로 전파되어 나갔고, 차츰 수요가 있고 포도 재배가 가능한 지중해 연안을 중심으로 한 유럽, 최종적으로는 유럽을 넘어 유럽의 식민지였던 아메리카, 남아프리카, 오스트레일리아, 뉴질랜드 등지에까지 퍼져 나갔다.

2. 포도 재배의 지리적 확산

캅카스 지방에서 자라던 포도는 기원전 3000년에 이르러 메소포타미아와 이집트에 전파되었다. 그리스보다 앞선 이집트의 포도 재배는 나일강 삼각주와 멤피스 교외에서 점차 남쪽으로 퍼져 나가 서부 사막의 오아시스까지 확산했다. 이집트인들은 커다란 돛의 천으로 만든 자루에 포도 송이를 집어넣고 밟아 으깬 뒤 막대기로 자루를 비틀어 즙을 짠 다음, 지하창고에서 발효시켜 술을 만들었다. 이집트 벽화에는 고대 이집트에서의 포도 수확, 포도주의 양조·저장·운송하는 모습이 그려져 있어, 이집트에서의 포도 재배를 엿볼 수 있게 한다.

고대 그리스 시대 때 포도나무는 트로이성 함락 시기보다 훨씬 이전인 기원전 1184년 에게해 지방에 들어왔다. 그리스인들은 식민지와 해외 무역 기지인 이탈리아 남부와 시칠리아섬에 포도나무를 보급했고, 기원전 600년에는 이베리아반도에도 포도나무를 옮겨 심었다. 포도 재배는 기원전 4세기경에 행해진 알렉산더 대왕의 동방 원정 때 저 멀리 중국에까지 전파되었다.[1]

기원전 1500년경 이집트의 포도와 포도주

프랑스에서는 기원전 500년 페니키아인들이 오늘날 마르세유 지역에 식민지를 건설하고, 갈리아(Gaul)인의 땅에 최초로 포도나무를 들여왔다. 이후 로마 세력이 팽창하면서 프로방스 지방은 포도나무로 뒤덮였다. 이때 생산자들은 자기네 노동의 결실을 제대로 누리지 못했는데, 갈리아인이 생산한 포도주로 정복자 로마인들의 식탁을 차려 주었기 때문이다. 로마인은 갈리아 땅에서 포도 재배가 확고하게 자리 잡도록 했다. 갈리아인의 타고난 재능과 노력은 오늘날의 프랑스 포도주를 탄생시켰다.[2]

프랑스에서 포도 재배 확산의 출발 장소는 지중해 연안이었다. 갈리아인이 닦아 놓은 포도 지역, 즉 로마 제국 시기 갈리아 지방의 나르보넨시스—오늘날 주로 프로방스와 랑그도크에 해당하는 프랑스 남부—에서 프랑스의 다른 지방으로 포도 재배가 전파되었다. 남부 지방의 중심 도시

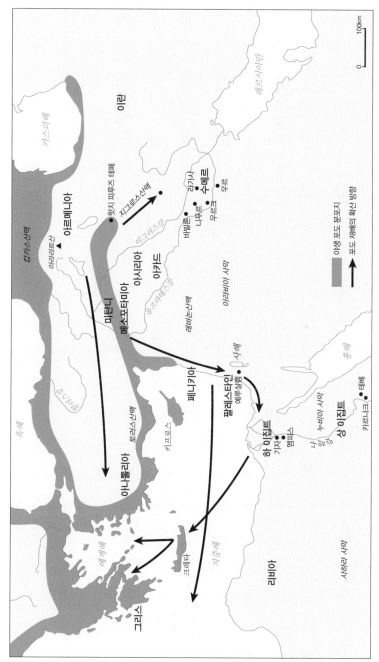

기원전 5000~기원전 1000년의 포도 재배의 지리적 확산

범례:
- 야생 포도 분포지
- 포도 재배의 확산 방향

• 세 번째 보따리 • 포도가 퍼져 간다

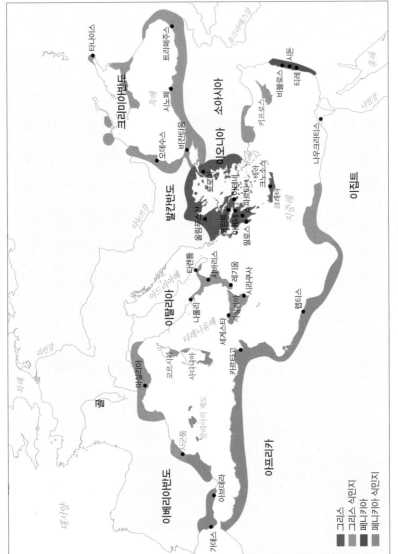

고대 그리스와 페니키아의 식민지

범례:
- 그리스
- 그리스 식민지
- 페니키아
- 페니키아 식민지

지도 내 지명:

타나이스
트라페주스
크리미아반도
시노페
흑해
오레수스
비잔티움
발칸반도
우크라이나강

트레비주스
소아시아
이오니아
카프로스
시돈
비블로스
티레
나우크라티스
나일강

이집트
에게해
크노소스
크레타
크레타해
지중해

아테네
올림피아
코린트
테베
스파르타
펠로스
에피다우로스
미케네

이탈리아
아드리아해
타렌툼
시바리스
네아폴리스
레기움
쿠마이
시라쿠사
세게스타
카르타고
렙티스

티레니움해
코르시카
사르디니아
세르빈
시쿰

이베리아반도
이베리아
엠포리아
엠포리움
아프리카

북해
라인강
대서양
갈리아
가데스
아브데라
도나우강
도나우해

66   포도야, 넌 누구니

는 나르본과 마르세유였다. 나르보넨시스의 영향을 받은 보르도 지방에서는 1세기부터 포도 재배를 시작했다. 3세기 초 부르고뉴까지 전파된 포도 재배는 몇십 년 뒤 북쪽의 알자스까지 뻗어 나갔다. 이는 유럽에서 가장 유명한 포도주 생산지 중 몇 군데는 로마인들을 통해 포도 재배가 전수되었다는 뜻이다.

1098년 부르고뉴 지방의 디종 남쪽 시토(Citeaux)에서 창립된 수도회는 12~13세기에 늘어난 수도원들을 통해 부르고뉴는 물론 프랑스의 다른 지방과 독일의 포도밭 개간 및 보호 정책에 힘을 쏟았다. 그 결과 포도밭 수가 급증하기 시작했다. 수도사들은 포도나무 품종을 개량하고, 좀 더 완벽한 품종을 만들어 내기 위해 꾸준히 연구했으며, 포도 재배에 알맞은 기후 조건, 즉 기후 개념을 적용해 포도를 재배하고 포도밭에 울타리를 둘러침으로써 부르고뉴 포도밭의 고유성을 확립했다. 울타리를 뜻하는 클로에 포도밭을 탄생시키고 수도원에 지하 저장소를 지음으로써 포도주 전파에 중요한 역할을 했다.[3]

포도 재배 기원지에서 주변 다른 지역으로 전파되기 시작한 포도는 로마 제국이 멸망한 기원후 500년경에 이르러서는 포도 재배와 포도주 생산이 지중해와 남부 유럽, 그리고 서부 유럽에까지, 즉 포도 재배가 가능한 유럽 전역으로 퍼져 나갔다. 기원지에서 유럽으로 포도 재배가 퍼져 나가게 된 데에는 다음과 같은 요인이 작용했다.[4]

포도를 재배하지 않았던 지역의 사람들이 포도 재배 지방을 여행하면서 그곳의 포도나무 묘목을 가지고 옴과 동시에, 포도 재배와 포도주 생산에 관한 정보와 기술을 습득하고 돌아와 전파하는 경우이다. 가끔은 포도 재배 기술자와 포도주 생산업자들을 데려오거나 심지어 납치하는 일도 벌어졌다고 한다. 포도 재배지는 포도주 수요가 급격히 늘어나면서 점점 더 확대되었다.

포도 재배는 또 식민지를 따라 전파되었다. 그리스는 식민지 이탈리아 남부 지방에 포도주 양조법을 전했다. 그리스로부터 양조법을 배운 로마 제국은 제국의 속주에 포도와 포도주를 확산시켰다. 현재 유럽의 주요 포도 재배지와 포도주 생산지는 과거 로마 제국의 식민지였으며, 유럽에서도 프랑스, 독일, 헝가리는 로마 시대부터 포도주 산업을 시작한 나라들이다.

포도주는 종교 행사에 필수적으로 사용되던 음식이었기 때문에 이러한 종교의 확산은 유럽 전역에서 포도 재배를 널리 퍼뜨리는 기폭제가 되었다. 고대 문명국가에서는 거의 모두가 포도주를 신을 연상시키는 음료로 생각했고, 종교의식에 없어서는 안 되는 음식이었다. 메소포타미아, 이집트, 그리스, 로마에서는 종교의식에서 신의 죽음과 부활을 상징했던 포도주를 바쳐야만 했다.

무엇보다도 포도주가 다른 지방으로 전해진 근원적인 힘은 포도가 수익성이 높은 작물이었다는 데에 있었다. 포도주가 사치품으로 규정된 지방에서는 거래량에 한계가 있어 지역 경제에 미치는 영향이 미미했지만 전반적으로 포도주가 지역 경제에 미치는 영향은 실로 엄청났다. 포도주는 수 세기 동안 유럽, 아프리카와 아시아에서 대규모로 수출되고 수입되는 상품이었다. 이탈리아, 스페인, 프랑스의 몇몇 지방에서 포도주 생산은 장기적인 경제 성장과 번영에 필수적인 산업이었다.

마지막으로 포도주 문화를 대변하는 포도주 시장이 생겨남으로써 포도 재배지가 더 넓어졌다. 포도주가 종교뿐만 아니라 일상에서 이용되는

포도야, 넌 누구니

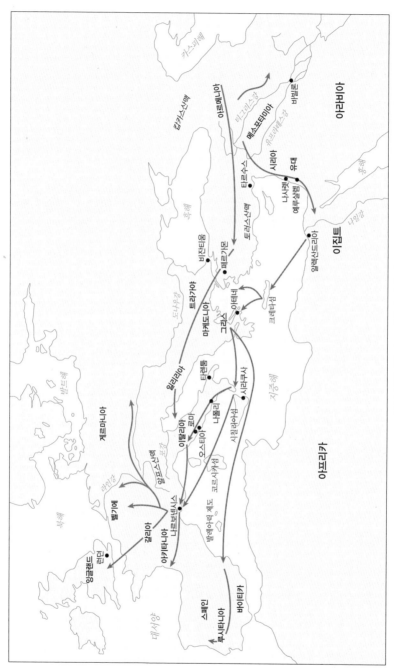

서기 100년경 포도 재배의 전파 경로

분야가 점차 넓어지자 포도주 수요가 급증했고, 급기야 포도주 거래시장이 형성되게끔 했다. 고대에는 포도주가 전파되는 속도가 느렸다. 메소포타미아와 이집트에서처럼 특권층만 포도주를 마셨기 때문이다. 하지만 2000~3000년 뒤 로마 제국에서는 모든 계층이 포도주를 즐겼고, 이처럼 늘어난 수요량을 맞추기 위해서는 더 넓은 포도 재배지가 필요했다. 이에 따라 포도주 생산량과 시장을 이용한 거래량은 꾸준히 증가했다.

초기에 그리스 포도는 다른 농작물, 특히 올리브와 함께 재배되었지만 시간이 흐르면서 포도만 경작하는 밭이 생기기 시작했다. 처음에는 아테네, 스파르타, 테베, 아르고스 등 인구가 많고, 포도주 시장이 형성되어 있는 도시 근처에 포도밭이 있었다. 하지만 기원전 6세기와 5세기에 들어 포도주의 수요가 증가하면서 양조장은 그리스의 중심지로 진출했지만, 포도밭은 육로보다는 바다나 강을 통해 운송하는 쪽이 훨씬 비용이 적게 들었기 때문에 주로 해안에 분포했다.[5]

그리스를 통해 포도주 산업을 알게 된 로마인들은 자신들의 점령지에 포도 재배법과 포도주 생산기술을 전수했다. 1세기 무렵에는 기후 조건에 적합하고, 경제적·문화적 환경이 허락하는 로마 제국 내의 모든 지방에서 포도주가 생산되었다. 이때 유럽의 포도밭과 포도주 생산지는 로마를 중심으로 남쪽의 크레타섬, 북쪽의 잉글랜드, 서쪽의 포르투갈, 동쪽의 폴란드까지 유럽 전역으로 확산됐다. 그리스도교의 교리와 제례 의식에서 특별 대우를 받던 포도주는 로마 제국이 그리스도교를 국교로 공식 인정함으로써 그 지위가 더욱 공고해졌다. 앞에서 말한 바와 같이 그리스도교에서 포도주는 그리스도의 피를 상징하기 때문에 포도주에 대한 수요는 엄청났다. 동시에 포도주 자체의 상업성도 뛰어났기 때문에 포도 재

배는 널리 전파되었다.[6]

　로마 제국의 힘이 미친다는 것은 로마 문화의 확산을 의미한다. 로마 제국의 힘은 포도 재배의 지리적 확대에도 강력하게 영향을 미쳤다. 포도주는 로마인에게 다른 소비재 그 이상이었고 로마 문화의 일부였기 때문이다. 경제적인 측면과 함께 이런 문화적인 이유가 결합하여 포도 재배는 로마 군단의 발자취를 따라 계속 이동했다.[7] 로마인들은 멀리 떨어진 브리튼섬의 브리타니아(지금의 영국)까지 영향을 미쳤으나 브리타니아는 포도를 재배하기에 알맞은 기후가 아니었다. 불리한 기후로 인해 영국에서의 포도주 산업은 '암포라'라는 포도주 용기까지 제작하며 활발하게 전개되는가 싶더니 금세 자취를 감추고 말았다.[8]

　중세에 유럽 전역에서는 대부분 그리스도교 전래와 함께 포도 재배가 전파되었다. 여러 지역에 분산해 설립된 교회들은 의식에 사용할 포도주를 얻기 위해 주변에서 포도 재배가 가능한 곳 어디서든지 포도밭을 만들었다. 당시 포도주는 상하기 쉬워 장거리 운송이 쉽지 않았기 때문에 포도 재배지와 거리가 멀었던 지방에서의 포도밭의 등장은 획기적인 사건이었다. 비니차 교단의 증언에 의하면, 폴란드에서는 중세 초기에 그리스도교가 전파되면서 포도 재배가 시작되었고, 독일 서부 지방에서는 포도밭 수가 6세기부터 꾸준히 증가하더니 300년 뒤에는 팔츠에서 83곳, 바덴에서 23곳, 뷔르템베르크에서 18곳의 마을이 포도주를 생산하게 되었다고 한다. 마인강 유역, 프라이징과 같은 지방은 그리스도교 선교사에 의해 포도 재배가 시작된 곳이다. 이뿐만 아니라 드물긴 하지만 중세에는 그리스도교 전래 외 다른 이유로 포도 재배가 시작되거나 확대된 지방도 있었다. 헝가리 북부를 침략한 마자르족은 9세기 말에 캅카스와의 접촉

을 통해 포도 재배 및 포도주 생산기술을 전수했다고 추측하고 있다.[9]

1000년경부터는 유럽 곳곳에서 포도밭이 확대되기 시작했다. 포도밭이 확대된 가장 중요한 이유는 포도주 수요가 급증했기 때문이다. 유럽 기온이 급격히 상승하고, 수도원에서 농지개량법을 연구·보급함으로써 곡물 생산량이 급격히 증가한 때였다. 이로 인해 1000년에서 1300년까지 300년 동안 유럽 대륙의 인구는 4000만에서 8000만 명으로 폭증했다. 인구증가는 도시 성장과 무역 증대에 영향을 미쳤고, 이는 다시 부유한 중산층과 상인 계급을 출현시켰다. 따라서 부유층을 상징하는 사치품, 즉 포도주에 대한 수요가 많아져서 포도밭이 더 많이 필요해졌다. 포도 재배가 적합하지 않았던 지방의 교회, 귀족과 부유한 상인들의 수요도 폭발적이었다. 포도주는 잉글랜드, 발트해 연안에까지 수출되었다.

프랑스 보르도 지방은 세계적으로 알려진 포도주 생산지다. 포도밭이 많아지게 된 결정적인 이유는 교회, 수도원이나 지방의 포도주 수요보다는 바다 건너 잉글랜드 시장에 보르도 포도주가 공급되기 시작하면서부터이다. 보르도 지방의 아키텐 공작과 헨리 플랜태저넷이 결혼한 1152년 이후, 헨리가 잉글랜드의 왕이 되면서 보르도는 잉글랜드의 통치를 받게 되어 잉글랜드에 포도주를 수출할 수 있는 길이 열렸기 때문이다.[10] 점차 포도밭은 보르도에서 인근 지방으로 퍼져 나갔고, 13세기 초반 보르도는 유럽의 주요 포도주 생산지로 성장했다. 하지만 15세기에 이르러 프랑스와 영국 간 전쟁이 일어나는 등 유럽의 정세 불안 시기에는 보르도를 포함한 유럽의 포도주 산업이 그리 순탄하지는 않았다.

독일에서 포도 재배가 처음 시작된 곳은 포도 재배의 북한계선에 해당하는 스위스, 오스트리아와 국경을 이루는 독일 남부의 보덴 호수 주변

포도야, 넌 누구니

지역이다. 중세에 시토 수도회가 기후 특성을 고려한 포도 재배 적지로 낙점한 독일 지역이다. 현재는 모젤강과 라인강 유역이 독일에서 포도 재배에 가장 적합한 기후와 토양을 지닌 지역으로 평가받고 있다.

스페인에서 포도를 재배하고 포도주를 양조하게 된 것은 전적으로 페니키아의 영향이었다. 페니키아는 기원전 12세기부터 식민지를 개척할 정도로 지중해에서 가장 강력한 세력으로 부상하여 이후 약 400년 동안 전성기를 누린 고대 제국이다. 페니키아인들이 기원전 12세기에 이베리아반도 남부 연안에 그들의 포도주 문화를 전파했다. 그곳의 타르테소스(Tartessos)인이 페니키아 상인으로부터 포도 재배법과 포도주 생산기술을 전수하고 이곳에 적합한 품종을 들여와 재배하기 시작했다. 그라나다에서 발견된 당시 페니키아인의 무덤에서 나온 포도 씨앗과 포도주 항아리가 이것을 입증하고 있다. 스페인이 위치한 이베리아반도는 토양이나 기후 조건이 포도 재배에 가장 적합한 곳이었다.

기원전 1세기 그리스 지리학자 에스트라본(Estrabon)은 페니키아인이 오늘날 세계적으로 명성을 날리는 스페인산 헤레스 포도주를 창시했다고 주장했다. 이를 증명이라도 하듯 헤레스에서 4㎞ 떨어진 도나블랑카성에 있는 기원전 4세기경 페니키아인이 운영하던 광산에서 포도 착즙 시설(스페인어 lagar)이 발견되었다고 한다. 이를 통해 페니키아인이 포도를 재배하고 포도주를 생산했음이 증명된 셈이다. 이베리아반도는 여러 민족이 지중해의 지배권을 두고 벌인 각축전의 전초 기지가 되는 곳이었다. 따라서 이곳은 여러 민족이 각각 시기를 달리하여 지배하는 장소가 되었고, 페니키아인에 이어 이베리아반도를 차지한 그리스인과 카르타고인은 이곳에서 포도 재배와 양조 기술을 한층 더 발전시키는 역할을 했

다.[11]

사마천(司馬遷)의 『사기(史記)』에 따르면 중국에서는 한나라 장건(張
騫)이 대완(大宛)[12]에서 포도를 처음 도입했다고 한다.

"장건이 서역에 갔다가 돌아올 때 안석류, 호두, 포도의 종자를 가지고
돌아와 그것을 심었다." [張騫使西域還 得安石榴 胡桃 蒲桃種歸 植之]
    – 동진의 장화(張華), 『박물지(博物志)』

한나라 무제가 대완을 정벌한 후 포도씨를 가져와 심었다. 무제가 사신
이 가져온 포도 열매를 이궁 옆에 심도록 했다는 기록도 남아 있다(「흉노
전」, 『한서』). 한나라의 포도궁(葡萄宮)은 바로 이런 연유로 지어진 이름
이다. 『신농본초(神農本草)』에 따르면 포도는 서역에서 들어온 것이 아
니라 중국 농서(隴西)에서도 재배했는데 내지로 들어오지는 못했다고 한
다. 이는 중국의 신강(新疆)과 감숙(甘肅) 등지에서 포도가 재배되었다는
것을 보여 주는 것이라 할 수 있다.[13]

우리나라에는 포도가 언제 들어왔는지를 알려주는 기록이 없다. 단지
고려 이전에 중국에서 도입했을 것으로 추정할 뿐이다. 포도주의 유입 시
기 또한 『고려사절요(高麗史節要)』기록을 통해 고려 시대로 추정하고
있다. 조선 초 강희안의 『양화소록(養花小錄)』에 따르면, '청흑색 포도'는
고려 충숙왕이 몽골 공주와 혼례를 치른 뒤 돌아오면서 원나라 황제에게
받아 온 것이라 한다.

풍류를 즐겼던 묘금도 천자는 [風流天子卯金刀]

포도야, 넌 누구니

먼 책략으로 박망 등을 고생시켰네 [遠略從勞博望曹]

돌아오는 행장에 선과를 가져왔다 하였는데 [聞說歸裝儘仙果]

녹의가 떠다니는 곳에 포도가 보이네 [綠蟻浮處見葡萄]

— 선조(宣祖, 재위 1567~1608),『열성어제(列聖御製)』제7권,「동양
위에게 포도주 한 항아리를 하사하다」

조선 중기의 의학자 허준이 저술한 『동의보감(東醫寶鑑)』(1610)에도
우리나라에서 포도의 즙으로 술을 빚어 왔다고 기록되어 있으며, 기분 좋
게 취하되 쉽게 주독이 풀리는 포도주에 대해 칭찬한 예도 적지 않다. 조
선 후기 홍만선이 편찬한 『산림경제(山林經濟)』에서도 여러 가지 품종을
언급하는 점으로 보아 조선 시대에도 여러 종류의 포도를 재배했던 것 같
다. 현재의 포도는 1910년 이후 수원과 뚝섬에 유럽종과 미국종 포도나
무를 도입해 개량한 것이다.[14]

3. 신세계로 전파된 포도 재배

로마 제국의 붕괴는 포도 재배의 확산과 포도주 무역에 큰 변화를 초래
했다. 중세에 들어 봉건주의로 인해 무역이 제한을 받고 위축되어 수많은
포도주 생산지역이 고립되었다. 유럽에서 도시화가 진행되면서 부분적
으로 포도주 무역의 지리에 변화가 있었으나, 궁극적으로 포도주는 르네
상스와 탐험의 시대가 되어서야 비로소 유럽의 경계를 벗어나 확산되기
시작한다. 이러한 확산은 봉건주의의 종말, 제국의 재탄생, 대양을 가로

지르는 제국들의 힘과 연계되어 있었다.[15]

　포도 재배와 포도주가 신대륙으로 확산된 중요한 이유는 신대륙이 포도주 문화권이었던 유럽의 식민지였기 때문이다. 유럽의 신대륙 식민지 개척은 포도의 전파는 물론 유럽과 신대륙 간 포도주 무역도 큰 폭으로 증가시켰다. 포도주 문화권에서 온 가톨릭 선교사도 포도 전파에 한몫을 보냈는데, 종교의식에 포도주를 사용했기 때문이다. 포도주에 대한 수요가 넘쳐났던 식민지에서 포도 재배는 돈 되는 성장산업이었다.

　더 나아가 유럽의 식민주의는 전 지구적으로 포도 재배지를 늘리는 데 영향을 주었다. 식민 지배 세력이 포도주 생산자는 아니었지만, 식민주의는 포도 재배에 적합한 생육 조건을 가진 토지에 접근할 수 있는 강력한 수단이었다. 유럽의 식민지 개척과 포도주 무역에 이은 가톨릭의 전파로 드디어 신대륙에 포도밭이 등장했다.

　포도가 신대륙으로 건너가기 위해서는 꼭 거쳐야만 하는 장소가 있었다. 바로 대서양 항로의 중간 기착지였던 대서양의 여러 섬이다. 첫 번째 섬은 카나리아 제도(諸島)이다. 1479년 대서양의 카나리아 제도를 점령한 스페인은 재빨리 이곳에 포도나무를 심었다. 카나리아 포도주는 16세기 말에 이르러 해외로 엄청나게 수출되었고, 주요 산지였던 테네리페섬(카나리아 제도에서 가장 큰 섬)은 포도주 수출로 살림을 꾸려 나갔다고 해도 과언이 아니었다고 한다. 당시 카나리아 포도주의 주요 수출 시장은 아메리카 대륙에 건설한 스페인과 포르투갈의 식민지였지만 17세기에는 최대 고객이 영국으로 바뀌었다. 영국에서 특히 인기가 좋았던 포도주는 말바시아 포도로 빚은 달콤한 백포도주였다.

　영국에 수출되는 카나리아 포도주의 양은 17세기 동안 꾸준히 증가했다. 하지만 카나리아 포도주가 일으킨 열풍은 18세기가 시작되자마자 사그라들었다. 영국의 주요 수출품인 직물이 카나리아 제도에서는 별 소용이 없어 양국의 무역 수지는 언제나 한쪽으로 기울 수밖에 없어서였다. 카나리아 포도주는 값이 비쌌고 상인들은 만성적인 자금 부족에 시달렸기 때문에 1690년대부터 카나리아 포도주는 포르투갈과 스페인에서 대량 수입되는 스위트 포도주로 서서히 교체되었다. 카나리아 포도주는 18세기까지 영국에 수출되기는 했지만 소량에 불과하여 결국 카나리아 제도의 포도 재배 산업은 사양길로 접어들었다.

대서양에서 포도 재배를 시작한 또 다른 섬은 1420년에 포르투갈이 발견한 마데이라 제도이다. 마데이라는 이름은 포르투갈어로 '나무'라는 뜻이다. 발견 당시 마데이라는 숲이 울창한 무인도였다. 포르투갈인들은 섬에 사탕수수와 크레타섬에서 가지고 온 맘지 품종의 포도나무를 심었는데, 구하기가 점점 어려워진 크레타를 본뜬 포도주를 생산할 생각이었다. 사탕수수는 잘 자랐다. 마데이라는 한때 세계 최대의 설탕 생산지였을 정도이다. 포도나무도 잘 자라기는 마찬가지여서 16세기에는 포도주가 설탕보다 훨씬 이윤을 많이 남기는 지역 산업으로 발전했다.

마데이라는 '마데이라'라는 지명이 포도주 이름이 된 포르투갈의 작은 화산섬으로, 모로코의 서부 해안에서 서쪽으로 대서양에 위치한다. 마데이라에서 포도주 산업이 번창한 이유는 영국에서 북아메리카와 카리브해 연안의 영국 식민지로 향하는 선박의 기항지였기 때문이다. 범선이 대양을 누비던 시대에 탁월풍은 주요 항로를 결정짓는 요인이었다. 탁월풍의 영향으로 마데이라는 무역선이 대서양 횡단 전에 들르는, 물 공급을 위한 마지막 기착지가 될 수 있었다. 포도주에 주정이 강화된 요즘과는 달리, 당시 마데이라 포도주는 상당히 평범한—맛이 가볍고 금세 변하는—식탁용 포도주였다. 맘지 품종을 따로 발효시켜 만든 것이 오늘날 마데이라 포도주의 시초인데, 이런 방식으로 빚은 포도주는 오랫동안 보존할 수 있었고 열대 기후에 노출된 것이 오히려 장점으로 작용했다. 산화작용이 포도주를 식초로 만들기는커녕 오히려 포도주의 색을 진한 갈색으로 바꾸고 포도주에 더욱 깊고 부드러운 맛을 더했기 때문이다. 17세기 말에 마데이라의 포도주 산업은 호황을 누렸다. 기록을 보면 1697년 12월 17일 하루 동안 11척의 선박이 총 10만 갤런의 마데이라 포도주를 싣고 보스턴과 카리브해 등 각지를 향해 떠났다고 한다.[16]

　범선 무역선들이 기존 시장에 마데이라섬의 포도주를 공급했다. 영국과 포르투갈 사이의 무역협정은 대서양 횡단 무역에서 마데이라의 중요성을 굳건히 하는 데 일조했다. 마데이라에서 만든 포도주는 사탕수수에서 증류한 알코올이 강화된 것으로, 열대 지방을 통과하는 대서양 횡단 항해에도 상하지 않아 대서양 건너의 식민지에 공급될 수 있었다.[17]

　카나리아 및 마데이라 제도는 전략적인 요충지이자 포도주 산업의 전진 기지였지만, 스페인과 포르투갈의 가장 큰 식민지는 아무래도 아메리카였다. 스페인 문화에서 빼놓을 수 없는 포도주는 식민 통치와 주민 생활에 없어서는 안 되는 필수품이었다. 또 군수품인 동시에 식민 본국과 아메리카 식민지 간 무역에서 아주 중요한 위치를 차지했다. 하지만 이보다 더 주목해야 할 사항은 식민지 내에서 발전한 포도 재배 기술이다. 아메리카에 야생 포도나무는 있었어도 과일이나 곡물로 술을 빚었을 뿐, 주민들은 포도로 포도주를 만들지는 않았다. 이곳의 야생 포도는 포도주로 만들기에 적합하지 않아서 유럽에서 품종을 들여와야 했다. 스페인이 아

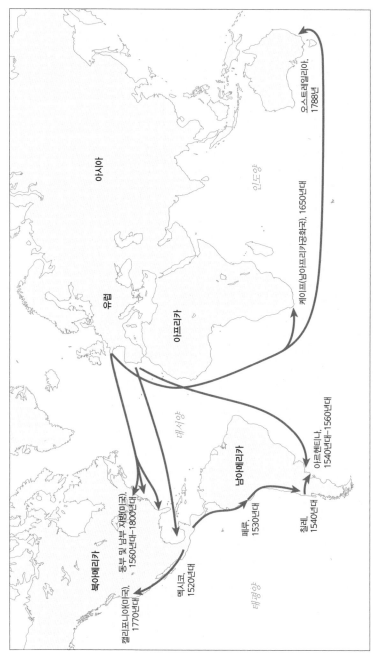

1500~1800년의 신세계로의 포도 재배 확산

오스트레일리아,
1788년

케이프(남아프리카공화국), 1650년대

아르헨티나,
1540년대~1560년대

칠레,
1540년대

페루,
1530년대

멕시코,
1520년대

동부 및 남부 지방(미국),
1560년대~1800년대

캘리포니아(미국),
1770년대

북아메리카

남아메리카

아시아

유럽

아프리카

대서양

태평양

인도양

메리카에 발을 들여놓은 몇 년 뒤부터 시작된 포도주 생산은 스페인의 점령지가 남쪽으로 확장되는 경로를 따라 늘어났다.

포도 재배지가 늘어나는 속도는 놀랄 만한 수준이었다. 1520년대 초반 멕시코에서 첫선을 보인 포도밭이 페루로 전파된 것은 1530년대 초반이었고, 볼리비아와 컬럼비아로 확산한 것은 1530년대 후반이었다. 칠레에서는 1540년대 초반부터, 안데스산맥 건너편에 자리 잡은 아르헨티나에서는 1557년부터 포도 재배가 시작되었다. 포도밭이 남아메리카 전역으로 확산하는 데 걸린 시간은 40년에 불과했다. 확산 속도는 굉장히 빨랐다. 이뿐만 아니라 당시 포도주 생산을 처음으로 시작했던 지역들의 명성이 오늘날까지 유지되고 있는 것을 보면 포도 재배 기술이 상당히 뛰어났음을 알 수 있다. 현재 아르헨티나 포도주 산업의 심장부라 할 수 있는 멘도사는 1560년대 후반부터 이미 포도 재배를 시작했던 곳이다.

그러나 이상하게도 아메리카에서 가장 먼저 포도 재배가 전파된 멕시코 지역에서는 포도 재배가 성공적이지 못했다. 바로 기후 때문이었다. 멕시코 기온이 스페인보다 따뜻하긴 했지만 서리가 내리는 시기가 빨라서 어린싹들이 견디지 못했다. 또 페루를 비롯한 아메리카의 여러 나라에서 반입되는 포도주의 양이 워낙 많아서 굳이 포도주 생산에 집착할 이유도 없었다.[18]

스페인의 식민지, 아메리카에서 포도 재배가 널리 확산한 데에는 종교적인 이유보다 세속적인 이유가 더 크게 작용했다. 식민지 개척자들은 스페인에서 먹고 마셨던 음식을 아메리카 식민지에서도 그대로 누리고자 유럽의 곡물과 채소, 과일, 포도나무를 재빨리 이곳에 옮겨 와 심었다. 포도주는 그들의 음식 문화에 없어서는 안 되는 음료였다.

캘리포니아에 테루아가 다양한 이유

오늘날 캘리포니아에서 제1의 환금작물은 포도다. 캘리포니아에서 포도주 생산은 부분적으로는 자연환경이 포도 재배에 적합했기 때문이다. 더구나 각 계곡에는 기후, 지형, 토양의 조합이 각기 다른 테루아가 분포한다. 이러한 다양한 테루아는 온갖 종류의 포도 품종을 재배할 수 있게 했다.

캘리포니아의 기후는 태평양과 캘리포니아 한류의 영향을 강하게 받는다. 캘리포니아 한류는 캐나다에서 멕시코로 북아메리카 서해안을 따라 흐르는 차가운 바닷물로서 용승하며 바다 생물이 서식하기에 적합한 환경을 만들어 주는 역할을 한다. 또 한류 위로 통과하는 공기를 식혀 준다. 따라서 이곳 해안은 해안에서 멀리 떨어져 있는 내륙보다 시원하다. 기온이 상승할 때 공기의 상대 습도가 낮아져서 캘리포니아는 해안으로부터 멀어질수록 건조하다. 따뜻한 공기가 한류 위를 통과할 때 해안에는 안개가 발생하는데, 이 안개는 포도 재배에 긍정적인 영향을 끼친다.

첫째, 안개는 여름 동안 열기를 식혀 준다. 안개는 낮 동안 바람이 안개를 흩어 없어지게 하거나 낮 동안 상승하는 열이 안개를 증발시킬 때까지 포도밭 위의 공기를 시원하게 만든다. 간단히 말해 캘리포니아의 여름 고온에 덜 노출되게 해 주어, 결과적으로 서늘한 기후가 필수적인 포도 품종의 재배가 가능하게 한다.

둘째, 식물에 대한 습기를 제공해 준다. 캘리포니아의 북부와 중부는 계곡과 산지가 해안과 평행하게 뻗어 있다. 산지는 태평양에서 오는 공기의 방향을 돌리고 막는다. 산지에서 발원한 하천은 침식 토양과 영양분을 계곡으로 운반한다. 기후와 연안의 해류는 포도 재배에 환경적인 다양성을 만들어 낸다. 포도가 성장하는 환경의 다양성은 샌프란시스코 북쪽 지역에서 가장 두드러지게 나타난다. 태평양, 샌프란시스코만의 합류, 긴 계곡, 해발 고도의 차이, 안개와 바람의 노출 등의 요인이 계곡에 따라 뚜렷하게 차이가 나는 테루아를 탄생시킨 것이다.[19]

이처럼 포도 재배의 확산은 적합한 기후와 토양 조건뿐 아니라 포도주 수요의 영향을 크게 받았다. 한 가지 예를 더 들면 남아메리카의 태평양 연안에 있는 식민지 페루의 모케과 강변에서의 포도주 산업의 발달도 기후와 토양 조건이 포도 재배에 적합했을 뿐 아니라 포도주 수요량이 많았던 은 광산이 가까이 위치한 덕분이었다.

17세기와 18세기에 남아메리카 3대 포도주 생산지는 안데스산맥을 끼고 있는 페루, 칠레, 아르헨티나였다. 칠레와 아르헨티나는 오늘날까지 명성을 유지하고 있지만, 페루의 포도주 산업은 19세기 말 필록세라가 휩쓸고 지나간 뒤로 급격히 쇠퇴하고 말았다. 칠레의 포도주 생산은 북부에서 시작했으나 이내 포도주 생산 거점은 산티아고를 중심으로 하는 중부 지방으로 옮겨 갔다.

북아메리카의 스페인 식민지였던 지금의 미국 캘리포니아에서 포도 재배가 시작된 것은 18세기 이후부터다. 남아메리카와 마찬가지로 북아메리카에서도 포도 재배는 예수회 선교사들과 밀접한 관계가 있었다. 1760년 캘리포니아 남부에 있었던 15개의 선교원 중 절반 이상이 선교원에서 포도주를 만들었다. 샌프란시스코 북쪽과 캘리포니아 포도주 산업의 중심지인 내파밸리, 서노마로 포도 재배가 전파된 시기는 1820년대 이후다. 18세기에 캘리포니아에서 가장 유명한 포도밭은 로스앤젤레스 인근에 있는 산 가브리엘 선교원의 포도밭이었다.

북아메리카 서부와 달리 동부는 야생 포도는 자라고 있었으나 수입 품종을 재배하기에는 기후, 토양, 해충의 측면이 적합하지 않았다. 재배 품종은 포도주를 만들었을 때 질이 떨어졌다. 버지니아의 포도주 제조업은 문을 닫게 되었는데, 그것은 포도 재배에 불리한 환경적인 요인뿐 아니라 담배가 워낙 잘 자란 탓이었다. 농부들은 미래가 불투명하고 재배하기 어려운 포도보다 수입이 짭짤한 담배 쪽으로 즉각 관심을 돌렸다. 결국 버지니아에서 포도주 산업이 실패한 원인은 열악한 기후 조건이나 병충해가 아니라 프랑스 포도주 생산업자들에게 있었다. 이들은 포도 재배 기술

을 가르치기는커녕 담배 농사에 관심이 더 많았다.[20]

17세기 중반 무렵 아프리카 남부에 포도 재배가 확산한 것은 남아메리카에서처럼 정부나 교회의 지원이 있어서가 아니라 얀 반 리베크 한 사람의 굳은 의지 덕택이었다. 의사였던 그는 1652년 네덜란드 동인도회사 소속으로 케이프타운 보급 기지(중계무역항)를 건설하는 지도관으로 케이프타운에 왔다. 케이프타운을 포함한 아프리카 남부에서는 포도나무가 자라고 있지는 않지만, 리베크는 이곳의 기후가 유럽의 포도주 생산지와 비슷한 것을 깨닫고 희망봉 근처에 심을 묘목을 유럽에 주문했다. 이후 케이프타운은 19세기까지 영국인들의 식탁에 포도주를 공급하는 역할을 맡았다.

1788년에 영국령 뉴사우스웨일스(현 오스트레일리아)의 초대 총독을 지낸 아서 필립 대령은 본국인 영국의 상부 기관에 다음과 같은 편지를 보냈다. "이곳은 포도 재배에 완벽한 기후 조건을 갖추고 있습니다. 다른 데 눈 돌리지 말고 포도 재배에 전념한다면 뉴사우스웨일스 포도주는 유럽 상류층의 식탁을 장식하는 명품으로 자리 잡게 될 것입니다." 그가 시드니 항구 근처에 포도나무를 심었으니, 이것이 오스트레일리아 최초의 포도 재배라고 한다. 그러나 애석하게도 시드니의 기후는 포도 재배에 적합했을지 모르나, 필수 요소라 할 수 있는 시장이 넓지 못하여 이곳에서의 포도주 산업은 크게 발전할 수가 없었다. 포도주를 판매할 시장을 찾지 못한 오스트레일리아의 포도주 산업은 빛을 잃었고 19세기에 이르러서야 다시 고개를 내밀었다.

뉴질랜드의 포도 재배는 인접한 오스트레일리아로부터 건너왔다. 1819년 9월 25일 오스트레일리아에서 온 영국 성공회 선교사 사무엘 마스덴이 뉴질랜드에 처음으로 포도나무를 심었다. 그러나 병충해, 재배 기술 부족, 금주법 등으로 150년 동안 포도주 산업은 큰 진척을 보이지 못했다.

20세기 초 30여 년 동안 주로 슬라브계의 유럽 이민자들이 포도주 제조업을 했고, 포도주는 그들에 의해 소비됐다. 1960년대에 이르러 해외여행을 통해 포도주 맛을 알게 된 젊은이들이 늘

사무엘 마스덴

어나고, 그동안 금지되었던 레스토랑에서의 포도주 판매가 가능해지면서 포도 재배지가 늘어나기 시작했다. 1980년 중반 포도밭 과잉으로 포도주 산업에 위기가 있었으나 포도밭을 줄여 극복하고, 1990년대 이후로 고급 포도주용 포도나무를 심은 포도밭들이 다시 늘어나면서 뉴질랜드 포도주 산업에 활력을 불어넣고 있다.[21]

· 네 번째 보따리 ·

포도는 버릴 것이 없다

포도가 가치 있는 가장 중요한 이유는 포도주를 얻을 수 있다는 데에 있다. 실제 포도 재배의 주된 목적이 생식용이 아니라 포도주 양조용이었다는 점에서 잘 알 수 있다. 물론 양조 외에도 포도는 다양한 용도로 이용되었다. 예를 들어 고대 그리스에서는 의약품 연고나 화장품을 만드는 재료로 활용했고, 비잔틴 동로마 제국에서는 포도주를 요리와 질병 치료에 이용했다.

중세 가톨릭 수도원의 수도사들은 포도 재배와 포도주 양조를 하면서 나오는 부산물을 다양한 용도로 활용했다. 이를테면 맛이 변한 포도주는 식초로 사용했고, 포도주로 만들 수 없는 포도는 그냥 먹거나 햄과 치즈를 절일 때 사용했다. 포도씨는 향신료나 비누를 만드는 유지로 활용했으며, 잎은 가을 동안 가축에게 먹이는 사료로, 잘라 낸 나무는 땔감으로 활용했다.[1]

역사 이래로 사람들은 포도주를 물 대용품으로 애용해 왔다. 이런 이유로 중세에는 포도주가 사치품이 아닌 생활필수품이었다. 도시의 상수도는 깨끗하지 못했고 위험하기까지 했으나 포도주와 같은 알코올음료는 오염된 물과 관련 있는 콜레라와 같은 질병으로부터 사람들을 안전하게 지켜 주었다. 도시에서 포도주를 섞지 않은 채로 물만 마시는 경우는 드물었다고 한다.

영국의 석학 앤드루 부르드(Andrew Boorde)는 1542년에 이렇게 적었다고 한다. "(포도주·맥주를 섞지 않은) 순수한 물은 영국인들의 건강에 좋지 않아요."[2]

산업화 이후에는 알코올 중독을 질병과 사회악으로 간주하고, 계속되는 빈곤의 원인이 알코올 중독이라고 생각해 금주운동이 일어났다. 그런 시대임에도 불구하고 포도주는 금주를 환영하는 사회에서조차 다른 형태의 알코올과는 다르게 취급됐다. 포도주의 의약적·종교적 이용면에서 다른 형태의 알코올과는 차원이 달라서였다. 포도주는 맥주와 함께 식품으로 인정받는 수준이었다.[3]

이시진(李時珍)은 포도가 인체에 미치는 효능을 『본초강목(本草綱目)』(1590년)에 다음과 같이 기술하였다. 즉 포도는 힘줄과 뼈의 습비(濕痺)를 다스리고 기를 높여 힘이 세게 해 주며, 의지를 굳게 하고 건강하게 해준다. 또 허기를 참을 수 있는 인내력을 주며 감기에 강하게 하는 등의 효과가 있어 포도를 오래 먹으면 몸이 가벼워지고 늙지 않고 오래 살 수 있다고 하였다. 『성경』에는 소량의 포도주는 위에 좋다고 하였고(디모데전서 5장 23절), 히포크라테스는 알맞은 시간에 적당량의 포도주를 마시면 질병을 예방하고 건강을 유지할 수 있다고 했다. 포도는 열을 내리게 하고 배고픔을 달래며 추위를 타지 않게 하고, 이뇨 작용을 하며 비위(脾胃)와 폐신(肺腎)을 보호하고 갈증을 멎게 하며 태아를 안정시킨다고 고대 의서에 약효가 수록되어 있다.[4]

포도에는 사람에게 유익한 성분이 많이 포함되어 있다. 포도에 많은 당류는 주로 포도당과 과당이며, 포도당이라는 말은 포도에서 유래하였다. 포도에 함유된 유기산으로는 주석산, 호박산, 사과산, 구연산 등이, 무기질로는 인, 유황, 마그네슘, 칼슘, 철 등의 함량이 높은 편이다. 자흑색 포도에 많이 함유된 비타민 B군은 중요한 신체 조절 대사에 관여하고, B1은 심혈관계의 안정, 다발성 신경염의 방지, 포도주에 함유된 B12는 항빈혈과 지방변성 억제 작용을 하는 것으로 보고되고 있다. 포도와 포도주의 떫은 맛을 내는 타닌은 강력한 항산화물질인 폴리페놀의 일종으로 해독 작용, 살균 작용, 지혈 작용, 항산화 작용 등의 기능을 한다.

OPC(Oligomeric Proantho Cyanidins)는 포도씨에 많은데 비타민 E의 50배에 달하는 강력한 항산화 작용으로 면역력을 강화한다. 포도의 뿌리에 다량 함유된 비티신은 항혈액 응고와 항산화 작용이 있어 항암, 피부 미백, 혈액을 정화하는 기능을 담당한다.[5]

포도주는 가톨릭과 개신교 등의 종교의식에 꼭 필요한 음료수이며, 요리에 풍미를 더해 주는 식재료이기도 하다. 더 나아가 포도주를 만드는 양조장과 포도주를 보관하는 지하 저장고 및 포도를 재배하는 포도밭은 경관 보기, 트레킹, 포도주 시음과 구매 등으로 여행객에게 좋은 장소가 되고 있다. 또 이곳 중 일부는 세계유산으로 지정해 보존하고 있다. 포도밭과 양조장은 자연과 인간의 유기적인 상호작용의 결과물로 보존 가치가 매우 높은 인류의 유산이라고 보기 때문이다.

오늘날에는 과학기술의 발달에 힘입어 포도의 쓰임새가 이전 시대보다 더 깊어지고 다양해졌다. 포도의 다양한 쓰임새는 아래와 같이 정리해 보았다.

포도의 쓰임새

	음료·식품·의약·에너지	종교	여행·축제	세계유산
포도 뿌리 포도 가지(덩굴)	약재, 땔감			
포도 잎	포도 잎 절임 포도 잎 쌈 포도 잎 차 향신료, 사료			
생식용	과실(껍질, 씨 포함)			
포도 열매 양조용	포도주 포도 식초 포도 주스	의식용 포도주	축제용 포도주	
가공용	건포도 포도잼 포도 통조림 기름(씨)			
포도밭 포도주 양조장 포도주 저장고			포도밭 트레킹 와이너리 관광	세계유산

1. 포도주

1) 포도주는 이런 것

와타나베 이타루는 그의 책 『시골빵집에서 자본론을 굽다』에서 다음과 같이 포도주를 소개했다.[6] "포도의 과실을 으깨어 두면 효모가 포도의 당분을 먹고 이산화탄소와 알코올을 만든다. 그리하여 기분 좋게 취하게 해 주는 향긋한 포도주 음료로 변신한다. 포도의 과즙에서 이산화탄소가 부글부글 솟아오르는 모습은 생명의 숨결을 연상시키고, 포도의 선명한 붉은 빛은 혈액을 떠올리게 한다. 사람들이 이 모습에 신비감을 느낀다. 수천 년의 시간이 흐른 지금도 사람들은 같은 감정을 느끼고 있다."

그렇다. 포도는 발효하여 포도주라는 또 다른 생명을 낳고 포도주는 사람에게 생명을 불어넣는다. 그렇기에 포도와 포도주는 포도 재배의 시작부터 지금까지 사람들과 함께해 온 역사 깊은 음료수이다.

'포도주(wine)'라는 말은 라틴어 '비넘(vinum)'이 어원이며, '포도나무로부터 만든 술'이라는 뜻이다. 오랫동안 포도주라는 말은 온갖 종류의 수많은 술을 통틀어 가리키는 대명사였다. 포도주를 끓이고 졸이고 식혔고, 서로 다른 포도주를 섞었으며, 소금물과 꿀, 향신료와 허브 등 수많은 첨가물을 넣었고, 알코올 도수를 높였으며, 나무 열매와 염료로 색을 입히기도 했다. 그리고는 이 모든 술을 포도주라고 불렀다.[7]

이렇게 부르던 포도주에 대한 엄밀한 정의는 20세기 초 프랑스에서 '어떤 음료도 싱싱한 포도나 포도즙의 발효에 의하지 않고서는 포도주(vin)라는 이름으로 보관되거나 판매될 수 없다.'라는 법을 제정한 이후에 생겼다. 포도 혹은 포도즙으로 만든 술만을 포도주라고 하여 범위를 좁힌 것이다. '싱싱한'이란 표현은 건포도가 양조에 사용되거나 수입되었을 때 발생할 수 있는 문제점을 지적하는 말이다. 이탈리아에서는 1925년 법으로 '싱싱한' 또는 '약간 마른' 포도즙을 발효시킨 것을 포도주(vino)라고 지정하였고, 1930년 독일법은 이탈리아보다 엄격한 프랑스법의 정의를 따랐다.[8]

2) 포도주는 어떻게 만들까

다음은 오스트레일리아의 어느 포도주 생산업자가 포도주 양조법을 간결하게 묘사한 것이다.

포도주 만드는 방법은 아주 간단합니다.
먼저 기름진 땅을 준비하세요.
여기다 훌륭한 품종의 포도나무 묘목을 심으세요.
자연이 물과 햇빛을 선물하면 포도나무가 열매를 맺지요.
이 열매를 따서 으깨고 발효시키고 숙성시킨 다음
마시기만 하면 됩니다.

이 글은 포도 재배와 포도주 양조의 주요 단계를 잘 정리해서 표현하고 있으며 포도주가 자연과 인간의 합작품이라는 사실을 담고 있다.[9]

포도주 양조 과정을 좀 더 설명하면, 포도주는 보통 와이너리(winery)라고 부르는 포도주 양조장에서 만든다. 포도주를 만드는 데 많은 재료가 필요한 건 아니다. 사실 포도 과실 하나만 있으면 충분하다. 잘 익은 포도의 껍질이 터지는 순간, 속에 들어있는 당분이 공기와 포도 껍질 표면에 자생하고 있는 효모와 접촉하게 된다. 효모는 당분을 대단히 좋아한다. 효모가 당분을 먹어 치우는 과정에서 당분이 알코올로 변한다. 이 과정을 발효과정이라고 한다.[10] 다시 말해 발효란 포도에 들어 있는 당분을 알코올(특히 에틸알코올)과 탄산가스로 바꿔 주는 것을 말하며 포도 껍질이나 발효 통 안에 서식하는 효모들의 활동으로, 자연적으로 일어나는 과정이다. 효모는 포도주의 맛과 향에 큰 영향을 주기 때문에 때로는 효모를 배양해 사용하기도 한다.[11]

포도주 속에는 약 500개의 포도주 성분이 있으며, 대부분 발효과정에서 자연스럽게 생겨난 것이다. 이때 훌륭한 포도주 생산자는 좋은 맛을 낼 수 있는 환경을 조성하고 포도주에서 썩은 버터 맛이나 식초 맛이 나지 않도록 한다. 포도주 속에 들어 있는 화학성분이 500개나 된다는 사실은 똑같은 맛을 가진 포도주가 하나도 없다는 것을 뜻한다. 똑같은 사람 하나 없는 인간의 삶과 닮았다. 그러나 포도주 양조는 포도주 이야기의 일부에 지나지 않는다. 포도 품종, 생산량, 포도밭의 기후와 위치 등이 모두 포도주의 맛에 결정적인 영향을 끼치기 때문이다.[12] 발효를 거쳐 이제 막 만들어진 포도주는 아직 완제품과는 거리가 멀다. 포도주 양조의 꽃이라 할 수 있는 숙성 과정이 아직 남아 있다. 숙성을 거쳐 포도주를 병에 담아야만 비로소 포도주 양조의 모든 과정이 끝나기 때문이다.[13]

3) 포도주 약사(略史)

포도 재배와 포도주는 캅카스 지방에서 시작되었지만 포도주가 세계적으로 널리 퍼져 나가게 된 것은 로마 제국 시대이다. 로마 제국 시대 이후의 포도주 역사를 다음과 같이 요약해 보았다.

고대 로마 제국은 세계 포도주 역사의 중심축이었다. 이탈리아반도의 포도 재배에 영향을 끼친 지역은 에트루리아와 고대 그리스지만 이탈리아반도를 포함하여 지금의 유럽 전역에 포도주 양조 기술을 널리 퍼뜨린 나라는 로마 제국이었기 때문이다. 고대 로마인들은 오늘날 주요 포도주 생산국인 프랑스, 독일, 이탈리아, 포르투갈, 스페인에 큰 영향을 주었다. 로마에서 포도주는 소작농의 노예로부터 귀족에 이르기까지 모두가 즐길 수 있는 음료였다. 삶의 질을 높이기 위해서는 포도주가 꼭 필요한 것으로 믿었다. 이러한 믿음은 로마 제국 전역에 포도 재배학과 포도주 양조 기술을 확산하는 데 큰 보탬이 되었다. 또 포도주는 갈리아인이나 게르만족 같은 토착 세력을 문화적으로 융합하기 위한 좋은 수단이 되었다.

로마의 성장과 함께 로마인들의 포도주 양조 문화는 로마 제국이 점령한 지역들의 포도주 양조 기술에 많은 영향을 받았다. 이탈리아 남부의 그리스 정착민들은 기원전 270년에 로마인들의 전적인 통제를 받았고, 갈리아인과 이미 무역 경로를 개척한 에트루리아인들 또한 기원전 1세기에 로마의 지배 아래에 놓였다. 카르타고와의 포에니 전쟁은 로마인들의 포도주 양조에 많은 영향을 주었는데, 카르타고는 로마의 시민들에게 문화적 경계를 넓혀 주는 역할을 했다. 카르타고의 뛰어난 작가 중 하나였던 마고(Mago)가 심혈을 기울여 집필한 저서를 통해 카르타고의 향상된

농업기술을 전수할 수 있었다.

당시 로마에서는 싼 가격 때문에 즐겨 찾는 로마 포도주와 더불어 품질 좋은 그리스 포도주가 가장 높은 가치를 지닌 것으로 평가받았다. 그러다 기원전 2세기부터는 이른바 로마 포도주 양조의 '황금기'가 시작되었으며, '그랑 크뤼(Grand Cru)'의 개념이 적용되는 포도밭으로 발전했다. "기원전 121년은 포도 경작에 있어서 매우 뛰어난 해로 많은 수확량과 더불어 100년 후에도 마실 수 있을 만큼 훌륭한 포도주 품질을 보여 준 한해였다."라는 기록이 남아 있다. 이 시기에 로마의 포도주 소비는 약 180만 ℓ에 달하였으며, 당시 해당 지역 인구수 기준으로 보았을 때 모든 사람이 매일 반(1/2) ℓ의 포도주를 마시는 것과 같은 수치였다고 한다.

나폴리 남쪽의 폼페이는 로마 제국 시대에 가장 중요했던 포도주 중심 지역 중 하나였다. 폼페이는 방대한 규모의 포도밭이 펼쳐져 있었던 교역의 중심지로서 로마 곳곳에 포도주를 공급했다. 폼페이인들은 포도주의 신 바쿠스(Bacchus)를 숭배하고 있었고, 엄청난 양의 포도주를 소비하는 것으로 유명했다. 또 폼페이 상인의 상징이 찍힌 암포라가 오늘날 프랑스의 보르도, 나르본느, 툴루즈와 스페인에서 발견된 것을 보면, 폼페이가 로마 포도주 산업의 중심지였음을 짐작할 수 있다.

79년 베수비오산의 화산폭발은 로마 포도주 산업에 엄청난 손실을 초래했다. 그전까지 포도주를 저장해 놓았던 저장고는 물론 가꾸어 왔던 포도밭도 모두 폐허가 되어 갑작스럽게 포도주가 부족해졌으며, 항구가 파괴되어 교역량이 줄어들 수밖에 없었다. 이 때문에 귀족들조차 포도주를 마시기 힘들 만큼 포도주의 값은 천정부지로 치솟았다. 결국, 로마 인근은 포도밭을 일구려는 많은 사람으로 인해 공황 상태에 빠졌다. 심지어 다른 곡물들을 갈아엎고 포도나무를 심을 정도였다. 덕분에 빠르게 포도주 부족 상태를 메워 나갔다. 그러나 포도주의 과잉 생산은 곧바로 포도주의 가격 폭락 사태를 유발했다. 더 나아가 늘어 가는 로마인들을 먹여 살릴 식량이 부족해졌다.

92년 로마 황제 도미티아누스는 로마 제국에 새로운 포도밭 개간을 금지하고 로마의 포도밭 중 절반을 없애는 법령을 공표했다. 도미티아누스의 법령은 188년 동안 유지되었으며, 이 법령으로 인해 포도주 양조와 포도 재배의 전파가 후퇴하게 되었다.

로마 제국에서는 대부분의 고대 포도주 세계와 마찬가지로 달콤한 백포도주가 가장 높은 평가를 받았다. 이때 생산한 포도주는 상당히 알코올 도수가 강해 따뜻한 물과 희석해 마시는 것을 즐겼으며, 종종 짠 바닷물과 섞어서 마시기도 했다고 한다. 또 지금과 마찬가지로 오래된 빈티지 포도주가 영한 포도주보다 더 비싼 가격에 팔렸다. 당시 로마 제국의 법에는 적어도 1년 이상 숙성시킨 포도주에 대해서는 '오래된 포도주'라고 하고, 그렇지 않은 포도주에는 '새 포도주'라고 하여 표시했다.

중세에는 유럽 전역에서 포도가 재배되었다. 1000년에서 1300년까지 300년 동안 유럽 대륙의 인구가 4000만 명에서 두 배로 늘어나 8000만 명이었으며 그에 따라 포도주의 수요가 비약적으로 늘어났다. 도시의 성장과 무역의 확대, 부유한 중산층과 상인 계급의 등장으로 기존의 교회, 귀족 계급에 더하여 거대한 포도주 소비 시장을 형성하였다. 영국을 비롯한 북유럽국가들은 자급자족하기에는 워낙 포도주 소비 규모가 컸던 관계로 대부분 수입에 의존했다. 당시 영국에서 주로 포도주를 수입한 지역이 바로 지금의 보르도 지역이었다. 이렇게 포도주 소비의 급격한 증가는 프랑스를 비롯하여 많은 국가의 포도주 산업을 크게 발전시켰다.

　로마 제국이 쇠퇴하고 그리스도교가 중세 유럽을 지배하면서 포도 재배와 포도주의 거래는 감소하게 되었지만, 종교의식에 포도주가 사용되었기 때문에 교회에서 직접 포도나무를 재배하여 그 명맥과 전통을 유지했다. 수도원은 풍부한 노동력과 조직력을 바탕으로 포도를 재배하고 포도주를 양조했다. 이러한 수도원의 노력으로 질 좋은 포도주의 양조 방법들이 연구되었고, 포도주 양조와 관련한 지식이 축적되었다. 다른 한편으로는 수도원 중에서 대량으로 포도주를 생산하는 곳이 생겨났다. 특히 베네딕트 수도회와 시토 수도회는 프랑스와 독일에서 가장 거대한 포도주 생산자로 유명했으며, 카르투지오 수도회, 템플 기사단원, 카르멜회의 수사 또한 역사적인 포도주 생산자였다. 샴페인을 최초로 발견한 돔 페리뇽이 속해 있어 이름이 알려진 베네딕트 수도회는 그때 당시 프랑스 샹파뉴, 부르고뉴, 보르도, 독일의 라인가우, 프랑코니아에서 포도밭을 소유했다. 수도원에서는 종교의식에 필요한 수요를 충당하고 남은 포도주를 판매하여 상당한 수입을 올렸다. 이에 포도 재배와 포도주 양조가 가장 큰 취미생활이었던 수도사들은 더 좋은 품질의 포도주를 생산하기 위해 토양을 비롯한 다양한 분야를 연구함으로써 이 시기의 포도 재배와 포도주 양조를 비약적으로 발전시켰다.

　중세 유럽에서는 오염되지 않은 식수를 구하기가 쉽지 않았기 때문에 포도주는 지금의 물과 같이 식사 때마다 제공되는 일상적인 식품이나 다름없었다. 포도주는 주로 참나무통에 보관되었고 별도의 숙성을 하지 않아 대부분 포도주를 빚은 지 얼마 안 된 영한 포도주를 마셨다. 알코올의 과도한 남용을 방지하기 위해 물을 타 마시기도 했다.

16, 17세기까지 유럽의 포도주 생산은 꾸준히 증가했다. 특히 프랑스와 영국의 100년 전쟁을 기회 삼아 스페인의 포도주가 명성을 쌓았으며, 17세기 네덜란드는 곳곳에 식민지를 건설하고 유럽의 포도주 무역에 적극적으로 가담하면서 유럽 최대의 강국으로 떠올랐다. 네덜란드는 보르도에서 생산되는 포도주의 주요 시장을 장악하고 포도 재배지를 확장했을 뿐 아니라, 포도주의 보존 기간을 늘리는 데에 공헌했다. 이로 인해 17세기 말은 30년 전쟁, 기록적인 흉년 등이 겹쳐 유럽 각지에서 포도주 생산에 악재가 많았지만, 스페인과 포르투갈의 포도주가 성황리에 교역될 수 있었다.

무엇보다 17세기의 코르크의 등장은 포도주 역사에 새로운 장을 여는 일이었다. 고대 그리스에서는 코르크에 송진을 발라 암포라를 봉인했는데, 이 방식이 새롭게 부활했던 거였다. 코르크는 유연성이 뛰어나고 수분이 닿으면 팽창하는 성질이 있어 공기를 완벽히 차단할 수 있었다. 코르크 마개는 포도주 저장에 있어 없어서는 안 되는 물건이 되었다.

16세기부터 시작한 유럽인의 탐험 정신과 팽창주의는 전 세계로 포도주가 전파되는 데 있어 중요한 역할을 했다. 포도 재배의 확산 속도는 놀랄 만큼 빨랐다. 1520년대 초반 멕시코에서 시작된 포도 재배는 1530년에 페루, 1540년에 칠레, 1557년 아르헨티나로 확산되었다. 16세기 프랑스에서 종교박해를 피해 이주한 위그노들을 비롯해 영국과 네덜란드는 미국 포도주 역사의 시초를 마련했다. 지금 우리가 신대륙이라 일컫는 포도주 생산국들의 대부분은 바로 구대륙에서 넘어간 개척자들이 이룩한 것이다.

꾸준한 성장을 지속하던 포도주 산업은 제1, 2차 세계대전, 필록세라,

포도야, 넌 누구니

금주령 등 몇 차례 위기가 있었지만, 1950년대 이후 과학의 비약적인 발전, 포도주의 생산 체계를 확립한 다양한 법령의 공표로 진보의 길을 걷기 시작했다. 전 세계 포도주 생산업자들은 날이 갈수록 까다로워지는 소비자의 입맛에 맞추어 고급 포도주 생산에 주력했고 포도주 수요는 꾸준히 증가했다. 무엇보다 다양한 연구와 실험의 결과 포도주가 건강에 좋은 음료일 뿐 아니라 실제로 적당량을 섭취할 시 특정 질병을 예방하는 효과가 있다는 사실이 밝혀지면서 지금에 이르게 되었다.

4) 포도주 양조업은 어디에서

포도를 이용해서 좀 더 유용하고 값어치 있는 제품을 제조하는 산업 중의 하나가 포도주 양조업이다. 포도주를 제조하는 양조장은 입지의 측면에서 통조림 공장이나 제재소와 공통점이 많다. 자연으로부터 산물을 취하고 그것의 형태를 변형시키는 가공 과정에서 제품은 원료인 산물보다 가벼워지는 특성이 있다. 제품화에 필요 없는 부분을 산물에서 제거함으로써 운송비를 줄일 수 있다. 또 산물을 원상태로 유지하여 질 좋은 제품을 생산하려면 산지 근처에서 가공하는 것이 유리하다. 이 때문에 양조장, 통조림 공장과 제재소는 원료가 나는 산지 근처에 분포한다. 즉 제재소는 삼림 가까이에, 통조림 공장은 어항(漁港)에, 양조장은 포도밭 근처에 세운다.[14]

하지만 냉장 시스템의 발달로 포도밭 근처의 양조장 입지가 변화하기 시작했다. 포도의 장거리 운송이 가능해지면서 포도밭과 양조장의 입지 분리가 일어났다. 즉 포도가 나는 포도밭 근처가 아닌 포도주 소비 시장 또는 포도 집산지에 양조장이 세워질 수 있게 된 것이다. 이런 움직임과 함께 지금은 포도주를 병에 담는 장소, 즉 병입 장소에도 약간의 입지 변동이 나타나고 있다. 오스트레일리아의 경우 포도주 운반 용기의 첨단화·대형화로 현지에서 생산한 다량의 포도주를 장거리 운송할 수 있어서 양조장에서 병입하던 것을 대소비 시장(예컨대 미국)으로 들어가는 항구에 가서 병입하고 있다.

5) 포도주의 이용

① 음료수

포도주는 알코올이 들어 있는 음료로서 술이기 이전에 일상적으로 마시는 물과 같았다. 마치 우리가 밥과 반찬을 먹고 숭늉이나 물을 마시듯 포도주가 나는 지역에서는 빵과 고기를 먹고 포도주를 마셨다. 포도주가 음료수로서 기능한다는 것은 포도주의 가장 중요한 존재 이유이다. 특히 식수가 불결해서 마실 수 없는 곳에서는 포도주가 인간 생활의 필요 불가결한 요소였다.

중세 사람들은 이런 이유로 포도주를 많이 마셨다. 중세에는 상공업의 발달로 많은 도시가 급격히 생겨났다. 농촌 인구가 도시로 대량 유입되면서 인구의 밀집 현상이 발생했고, 이로 인해 도시의 위생 상태는 매우 열악해졌다. 사람과 동물의 분뇨로 인해 식수 오염이 심각해져 시내의 상당수 우물물은 마시기에 부적합해졌다. 중세에 우물과 변소는 그리 멀리 떨어져 있지 않았으며 거리는 온통 오물로 가득 차 있었다. 그래서 물 대신에 포도주나 맥주를 마셨다고 한다.[15]

중세 스페인에서도 포도주는 일상생활에 요긴한 음료수이자 양약이었다. 콜럼버스가 1492년부터 대양을 항해할 동안 배에 실은 생명수가 높은 기온에 빨리 변질됐다고 한다. 이 물을 그대로 마시면 배탈이 나곤 했는데, 배탈이 나는 것을 방지하기 위해서 물에 포도주를 섞어 마셨다고 전해진다.

16세기 독일의 전통 식사 자리에서는 빵과 육류에 항상 포도주가 빠지지 않았다. 식수가 불결했기 때문에 포도주를 음료수, 영양제, 강장제로 낮과 밤에 수시로 마셨다고 한다. 당시 독일의 포도주 소비량은 일 년에 1인당 120ℓ로 어마어마한 양이었다. 이렇게 많은 포도주 소비량을 충당하기 위해서 독일 각처에 포도나무를 심었으며, 면적은 요즘 포도밭 면적의 3배나 되었다. 이에 수도원과 병원에서는 포도주를 대량 생산하여 상당한 수익을 올렸다.[16]

물보다 포도주가 더 안전하다는 생각은 공중위생의 관념이나 미생물 또는 박테리아가 발견되기 전인 19세기까지도 일종의 공인된 진리로 통했다.

② 의약품과 건강 보조 식품

포도주는 약인 동시에 독으로도 작용하는, 두 얼굴을 가진 음료수다. 병을 낫게 하고 몸을 이롭게 하는 기능이 있는가 하면, 과음할 시 몸과 마음을 해치기도 한다. 기원전 5세기경 히포크라테스는 포도주가 살균 작용과 이뇨 작용을 하며, 열을 내려 준다고 했다. 『성경』에서 바울은 '더는 물만 마시지 말고 네 위장과 잦은 병을 생각해서 포도주를 조금씩 사용하라.'[17]고 하여 디모데에게 포도주를 위장에 좋은 약으로 추천했고, 러시아의 황제 표트르 1세는 프랑스 카오르산 적포도주로 위장병을 고쳤다.

16세기 독일에서는 병원과 양로원에서 환자와 노인에게 매일 5ℓ의 포도주를 약, 보신제, 영양제로 주었다. 치료가 힘든 환자에게는 진정제, 진통제로 포도주를 하루에 7ℓ까지 주어 환자가 완전히 술에 취해서 아픈 줄도 몰랐을 것이라고 한다.[18]

18세기까지만 해도 포도주가 사람의 몸에 들어가면 피가 된다고 믿었으며 산후조리, 노화 방지, 역병 예방 등 약 대용품으로 사용하기도 했다. 실제로 포도에 포함된 타닌 성분 등은 동맥 막을 강화해 주고 콜레스테롤 수치를 낮추어 심장혈관 질환을 예방해 주는 효과가 있다.[19]

또 포도주는 암에 걸릴 확률을 낮추고 노년기에 발생할 수 있는 알츠하이머병을 예방하는 데에도 도움이 되는 것으로 밝혀졌으며, 의학 연구자들의 도움을 빌리지 않더라도 저녁에 마시는 포도주 한두 잔이 피로 회복에 좋다는 것은 누구나 알고 있는 사실이다. 이처럼 포도주는 물보다 위생적이고 방부제로 쓰이면서 의약의 기반을 다지는 데 중요한 역할을 했다. 알코올이 몸에 나쁘다는 알코올 반대 의견도 만만치 않게 제기되긴 했지만, 지금은 알코올을 적당히 섭취하는 것이, 특히 포도주를 통해 섭취하는 것이 완전히 멀리하는 것보다는 건강에 좋다는 의학적인 연구가 많다.[20]

의약품으로서 포도주는 여성의 경우 임신을 촉진하거나 반대로 중절시키는 기능을 했으며, 남성을 성불구로 만들기도 했다. 또한 '몰약을 탄 포도주' 또는 '담즙을 섞은 포도주'는 사형이 집행되는 순간에 죄인에게 주어 의식을 흐리게 하는 마취제로도 쓰였다.[21]

③ 군수품

　지중해를 로마 제국의 호수로 만들어 버린 용맹한 로마 군단은 원정 시에 항상 포도주를 휴대했다. 로마 군인들은 공중위생의 관념이 철저했기에, 그들이 출정한 낯선 이방인의 땅에서 마시게 될 물보다 포도주가 훨씬 안전하고 위생적임을 잘 알고 있었다. 포도주 공급을 확실히 하기 위해 군인들은 출정 시에 포도나무를 가지고 가서 야영지 주변에 직접 심기도 했다. 포도나무는 위생적인 음료를 제공하므로 군인들을 위로하는 위무 기능을 수행하는 전략적인 작물이었다.

　포도나무는 일 년 내내 손이 가는 과수이다. 그래서 로마군 야영지 주변의 갈리아인과 게르만족은 로마인들의 포도 재배에 고무되어 유목 생활을 포기하고 정착했다. 사람들은 포도밭 일에 매여 로마 제국에 반기를

제1차 세계대전 초기 포도주와 함께 이동하는 프랑스 군대

들거나 무기를 들 마음이 줄어들었고, 이전보다 훨씬 평화적인 모습으로 변했다.[22]

일상적으로 포도주를 마셨던 프랑스의 군대에만 포도주가 지급된 것은 아니었다. 보통 때 맥주를 마셨던 잉글랜드 병사들도 전쟁 시에는 포도주를 배급받았다. 예를 들어 1316년에 잉글랜드의 에드워드 2세는 스코틀랜드에서 전투 중인 병사들을 위해 4,000배럴의 포도주를 주문했다. 잉글랜드 병사들이 이때 포도주를 마시고 힘을 냈다면, 스코틀랜드는 200년 뒤에 그에 대한 복수로 1543년에 헨리 8세의 1년치 포도주를 싣고 가던 선박 16척을 나포했다.

1470년 프랑스 로렌 공이 샤텔 쉬르 모젤을 공격했을 당시에도 군대에서 포도주는 빵과 같은 주식이었고 병사들의 건강을 지키는 약이었다. 전쟁터의 식수는 오염되기 쉬웠고 특히 포위 공격이 벌어지는 곳일수록 더 심각했다. 이럴 때 포도주는 유해 박테리아를 죽이고, 병사들 사이에 퍼진 병균을 없애는 수단이었다. 알려진 바와 같이 장티푸스균은 포도주에 약하다.[23]

비잔틴제국 시기에는 포도주의 새로운 용도가 개발되었다. 다름 아닌 병사들의 갑옷이었는데, 리넨을 포도주와 소금물에 담갔다 말리면 갑옷을 대신할 수 있을 만큼 단단하게 굳는다는 사실이 발견되었다. 그때부터 병사들은 포도주로 몸의 안과 밖을 무장하고 전쟁터로 떠났다고 한다.[24]

프랑스 군인들은 20세기 중후반까지 모든 군대에서 흔히 볼 수 있었던 것처럼 매일 술 배급을 받았다. 그 술은 포도주였고, 제1차 세계대전이 발발했을 때 배급 받은 양은 하루에 0.25ℓ였다. 1915년에는 두 배인 0.5ℓ가 배급되었고, 1916년에는 다시 거의 0.75ℓ가 되었다. 프랑스인들이 점점 더 많은 포도주 배급을 받은 것은 '모든 전쟁을 끝내기 위한 전쟁'의 무참함을 슬프게 반영하고 있다. 배급된 그것을 모두 합치면 1916년에만 대략 3억 1700만 갤런의 포도주였다.[25]

④ 요리에 들어간 포도주

고대 그리스나 로마의 요리사들은 맛을 내기 위해 음식에 포도주를 넣어 요리를 만들었다. 기름이나 소금 간에 포도주를 첨가하는 방법, 잎사귀나 사프란을 포도주에 넣어 끓이는 방법, 향신료와 함께 향을 내는 방법, 포도주에 꿀을 넣어 졸이는 방법 등 포도주를 이용한 조리 방법은 다양했다. 사람들은 포도주가 질긴 고기를 연하게 해 주며, 절인 음식의 소금기를 빼 주고, 음식의 맛을 부드럽게 해 준다는 사실도 알고 있었다.

중세에는 마리나드(절임 소스), 수프, 젤리, 소스 등에 포도주를 넣었으며, 『파리 메나지에(Mesnagier du Paris)』(1392)에 따르면 케이크나 설탕절임에도 포도주가 들어갔다고 한다. 고전주의 시대에 와서 포도주는 지방 특산 요리에 영감을 불어넣었다. 더불어 지방마다 독특한 조리 방식이 정착되었는데, 이를테면 '부르기뇽식'은 적포도주를 넣은 음식을 말하고 '디에프식'은 크림과 백포도주를 넣은 음식을 말하는 식이었다.

그렇다면 오늘날의 음식에서는 포도주가 어떻게 쓰이는가? 무척 간편해진 오늘날의 요리지만 그렇다고 포도주가 빠지지 않는다. 오히려 미식 취미와 건강한 한 끼가 소중해지면서 포도주는 현대에 와서 더 많은 인기를 누리고 있다. 음식물에 포도주를 넣고 끓이면 알코올 성분이 날아가면서 소금과 지방질을 제거해 주고 타닌 성분이 소화를 돕는 등 여러 작용을 하기 때문이다. 그렇다고 해서 병 바닥에 남아 있는 침전물까지 모조리 음식에 부어 버리는 것은 삼가야 한다. 생산된 지 오래된 값비싼 포도주를 소스로 써서 낭비하는 것도 바람직하지 않다.

다양한 포도주와 궁합이 맞는 요리를 들자면 끝이 없다. 어떤 것은 비슷한 성질 때문에, 어떤 것은 상반된 성질 때문에 서로 조화를 이룬다. 어떤 음식에 어떤 포도주가 잘 어울리는지 모르겠으면 지방 특산물 음식에 그 지방 포도주를 곁들이는 것이 가장 안전하다고 한다.[26]

2. 다양한 포도 제품

1) 포도 식초

영어로 식초를 뜻하는 '비니거(vinegar)'의 어원은 '포도주'를 의미하는 프랑스어 '뱅(vin)'과 '시다'라는 뜻의 '에그르(aigre)'를 합한 '비네그르(vinaigre)'에서 유래했다. 즉 '신맛이 나는 포도주'라는 의미다. 포도주의 알코올이 너무 발효하면 초산균이 알코올을 분해해서 포도 식초가 만들어진다.[27] 포도주 통에 구멍을 내어 공기와 오랫동안 접촉하도록 놔두면 식초가 되며, 기온이 조금만 높아져도 식초가 만들어지는 속도는 더 빨라진다. 오늘날에는 포도주를 만들 때 철저하게 찌꺼기를 걸러 내기 때문에 병의 밑바닥에 가라앉은 찌꺼기로 식초를 만드는 일은 쉽지 않다. 그래도 방법은 있다. 누룩 대신 질 좋은 초모(醋母, 초산균)를 포도주에 약간 섞으면 쉽게 식초를 만들 수 있다.[28]

『성경』 룻기 2장 14절에 보면 보아스가 룻에게 "빵 조각을 초에 찍어서

드시오(have some bread and dip it in the wine vinegar)."라고 말한 장면이 나온다. 룻기의 기록 연대를 고려해 보면, 포도 식초는 기원전 1000년경에 이미 실생활에 사용되고 있었음을 알 수 있다.

포도 식초는 식초의 코냑이며, 오를레앙 식초는 모든 포도 식초 중에 으뜸이라고 한다. 프랑스의 식초 산업은 오를레앙에서 시작되었다. 오를레앙은 포도주 집산지이자 대소비 시장이었던 파리에 포도주를 공급하는 포도주 운송의 적환지였다. 덧붙이면, 중세에는 포도주 운송이 대개 루아르강을 통해 이루어졌다. 루아르강을 낀 투렌, 앙주 지방에서 생산된 포도주를 배를 이용해 파리와 가장 가까운 하항(河港) 오를레앙에 운반한 다음, 다시 거기서 육로를 이용해 최종 목적지인 파리까지 운송했다. 그러나 운송 도중에 나무통 속에 든 포도주가 산화되어 식초로 변하는 불상사가 많았다고 한다. 이런 일을 계기로 중계지역인 오를레앙에서 식초 산업이 급속도로 발달하게 되었다. 곧이어 식초업자 동업 조합도 결성했다. 루아르 지역의 포도주 덕분에 오를레앙 식초는 매우 독특하고 훌륭한 향기로 명성이 자자했다.[29] 16세기 말에는 오를레앙의 식초 상인들의 명성이 대단했다. 오늘날도 오를레앙 식초는 프랑스 국내에서는 물론 해외에서도 인기가 있어 수출량이 많다.

포도 식초는 시대를 초월하여 인기를 누렸으며 다양한 용도로 이용되었다. 고대 로마 제국의 병사들은 물을 많이 탄 식초를 마셨다. 로마 제국의 백부장이 십자가에 매달린 예수에게 마시게 한 것도 물에 탄 식초였다. 중세에는 유럽의 농부들도 몇 세기에 걸쳐 이 음료를 마셨다. 중세 요리에서 볼 수 있듯이 식초의 신맛은 모든 사회 계층들로부터 사랑을 받았다고 한다.[30]

2) 건포도

씨가 거의 없는 포도 중 아주 당도가 높은 품종을 선별해 말린 것이 건포도이다. 포도를 알칼리 용액 또는 끓는 수산화칼륨 용액에 담갔다 건져 햇볕에 말리거나 기계 열풍에 건조시켜 만든다. 포도송이를 말린 뒤 포도 알갱이를 하나하나 떼어서 또는 송이 그대로 포장한다. 수분의 90%가 제거된 건포도는 열량과 당분 함량이 매우 높으며 칼륨, 철분 및 미량 무기질이 풍부하다. 건포도는 그대로 먹기도 하고 제과 제빵의 원료로 쓰기도 하지만, 실제 건포도는 요리에 쓰이는 등 매우 다양한 용도로 이용되고 있다.[31]

3) 포도 주스

옛날에는 포도 주스를 맛보는 일이란 여간 어려운 일이 아니었다. 포도는 껍질에 발효를 일으키는 효모가 묻어 있어 포도를 으깨 주스를 짜면 하루 이틀 만에 알코올 발효가 일어나 결국 포도주로 변해 버렸기 때문이다. 포도 주스는 적절한 살균 방법이나 첨가제, 그리고 밀폐한 용기를 개발한 근대 과학의 혜택을 받고 난 다음에 생긴 것이다.

최초의 포도 주스는 1869년 미국의 감리교 신학자 토머스 웰치(Thomas Bramwell Welch) 박사가 파스퇴르의 저온 살균법을 이용해 만든 '웰치 포도 주스'라고 한다. 감리교 신자는 철저한 금주론자들로 종교의식에 쓸 포도주도 건포도를 끓이거나 방부제를 첨가해 만들 정도였다. 이를 웰치 박사가 포도 주스로 만들어 '알코올 없는 포도주'라고 한 것이다. 처음에는 라벨에 '웰치 박사의 발효되지 않은 포도주'라고 써서 판매하다 1893년부터 웰치 포도 주스로 이름을 바꾸었다. 이 제품은 1800년대 후반부터 일어나기 시작한 금주운동의 덕을 톡톡히 본 상품이다.[32]

3. 여행과 세계유산의 대상

1) 포도밭 여행

포도밭 여행은 포도밭과 양조장을 중심으로 펼쳐진 지역의 경관을 관람하고 포도주를 맛보는 여행이다. 포도주로 인해 만들어진 고장의 역사나 지리, 건축물, 그리고 포도 재배 농가를 만날 수 있다. 포도밭을 찾아다니는 여행이 인기를 끌기 시작한 것은 최근의 일이다. 그렇다고 해서 이전에 이런 여행이 없었다는 것은 아니다. 프랑스의 루아르 지역이나 독일의 라인강, 모젤강 지역에선 오래전부터 포도주 판매에 여행패키지를 연결해 왔다.

프랑스 보르도의 샤토[33]들이 포도주 판매에서 고객 서비스의 중요성을 깨달은 것은 시기적으로 얼마 되지 않았다. 보르도의 피숑 롱그빌 샤토는 2010년대 초반 한 해 10만 명의 관광객이 다녀갈 정도로 인기 있는 여행지였다.[34]

뉴질랜드의 유명한 포도밭에서는 매년 포도 수확기에 마라톤 대회를 개최하고 있다. 포도밭은 단순히 포도 재배와 포도주 양조뿐 아니라 여행객들이 마라톤에 참여하여 포도밭 경관의 정취를 느끼고, 포도주를 이용

혹스베이 인터내셔널 마라톤

세인트 클레어 하프마라톤

한 요리를 맛보는 좋은 여행 장소로 제공되고 있다. 위의 두 사진은 포도
밭에서 펼쳐지고 있는 마라톤 장면이다.

포도야, 넌 누구니

2) 세계유산의 포도밭

포도를 재배하고 포도주를 양조하는 장소는 그 자체가 인류의 소중한 자산이다. 포도 재배에 필요한 자연조건이 적합해야 하고, 또 이에 대한 인간의 재배 및 양조 기술이 더해져야 좋은 포도를 수확하고 잘 숙성된 포도주를 양조할 수 있다. 이러한 협력의 결과가 포도밭과 양조장, 촌락이 한데 어울려진 포도밭 경관을 만들었다. 포도밭 경관이 포도와 포도주를 매개체로 한 자연과 인간의 합작품이라는 데서 보존 가치가 높은 문화유산으로 평가받는 것이다. 포도밭과 관련하여 세계유산으로 지정된 장소는 다음 표와 같다.[35]

세계유산으로 지정된 포도밭

세계유산	지정연도	국가
알투 도루 포도주 산지	2001	포르투갈
토커이의 포도주 역사 문화 경관	2002	헝가리
피쿠섬의 포도밭 문화 경관	2004	포르투갈
라보의 포도밭 테라스	2007	스위스
피에몬테 포도밭 경관: 랑게-로에로와 몬페라토	2014	이탈리아
클리마, 부르고뉴의 테루아	2015	프랑스
샹파뉴 언덕 샴페인 하우스와 저장고	2015	프랑스

① 알투 도루 포도주 산지

포르투갈의 알투 도루 포도주 산지는 2001년 세계유산으로 지정되었다. 이곳에서는 거의 2000년 동안 포도주를 생산하고 있으며 이곳의 아름다운 경관은 사람들의 활동이 빚어낸 산물이다. 알투 도루의 경관은 포도주를 만드는 전 과정이 고스란히 담겨 있다. 테라스(terraces, 계단식 포도밭), 킨타스(quintas, 포도주 생산 농장 단지), 마을, 예배당과 도로들

알투 도루 포도밭 경관

포도야, 넌 누구니

이 멋진 경관을 이룬다. 알투 도루는 마룽과 몬테무루산맥이 대서양의 거친 바람을 막아 주는 포르투갈의 북동쪽, 스페인과 국경을 맞대고 있는 바르케이루스와 마주쿠 사이에 있다. 완만한 곡선을 이루며 끝없이 펼쳐지는 계단식 포도밭이 관광객들의 발길을 멈추게 한다.

도루강을 중심으로 펼쳐진 알투 도루의 포도밭 경관은 가파른 언덕과 계곡으로 둘러싸인 400m 높이의 평원에 넓게 펼쳐져 있다. 산비탈 포도밭이라 흙이 거의 없어 경지의 흙을 지키기 위해 사람들은 벽을 세웠다. 이곳의 토양은 바위를 부숴 만든 흙으로 '안트로포조일(anthroposoil)'이라고 한다. 이곳에서 단연 눈에 들어오는 경관은 테라스, 즉 계단식 포도밭이다. 테라스는 수 세기에 걸쳐 때마다 서로 다른 토목 기술로 한 단 한 단 쌓은 것이라고 한다. 초기의 테라스는 소칼쿠스(Socalcos)라고 하며, 프리-필록세라(pre-Phylloxera, 1860년 이전 필록세라가 만연하기 이전) 포도주를 만들 때 이용한 것이다. 편암으로 된 벽으로 지지대를 만들어 좁고 불규칙한 모양을 하고 있다. 이 테라스는 주기적으로 없애고 새로 만들기를 반복해야 하며, 포도나무 모종을 한두 줄밖에 심지 못한다는 단점이 있다.

길고 일정하게 이어진 규칙적인 테라스를 만든 것은 19세기 말이다. 필록세라가 포도나무를 손상시켰기 때문에 포도밭을 다시 만들어야 했다. 새 테라스는 일대의 풍경을 바꾸어 놓았다. 새로 세운 벽은 더 넓어진 데다 포도나무가 햇빛을 더 잘 받을 수 있도록 살짝 기울여서 만들었다. 게다가 이 테라스는 포도나무를 심는 열의 수도 훨씬 많아졌고, 노새가 끄는 쟁기 같은 농기계를 사용하기 쉽게 열의 간격도 더 넓혔다. 자연적인 환경을 바꾸고 토양을 깨끗하게 만들고 비탈을 다시 만들기 위해 일손이 필요해지자 외부에서 많은 노동력을 들여오게 되었다.

최근의 테라스 기술은 1970년대에 시작된 것으로, 수직으로 심는 '파타메레스(patameres)'이다. 구획을 나눈 넓은 땅에 약간 경사가 지도록 흙으로 둑을 쌓아서 포도나무를 두 줄씩 심는 방법으로, 이곳의 경관을 가장 크게 바꾼 것이 바로 이것이었다. 이 기술로 포도밭의 기계화도 촉진되었는데 지금은 파타메레스를 대체하고 경관에 미치는 영향을 최소화하는 새로운 방법을 찾기 위해 계속 시도하고 있다.

펼쳐진 포도밭 중에는 필록세라의 공격에도 상하지 않고 버텨낸 곳이 있었다. 모르토리우스(mortorios)로 알려진 곳에 버려진 채 남아 있던 소칼쿠스 테라스이다. 이곳에는 올리브나무와 토종 관목이 뒤덮여 있고, 포도나무 아래로 올리브 나무가 자라고 있다. 요즘은 도루강의 상류부터 포도나무로 바꾸는 중이다. 하지만 여전히 올리브나무와 아몬드나무가 농장을 가득 메우고 있다. 도루강의 낮은 둑이나 산비탈의 수로를 따라 언덕에는 오렌지 나무숲이 있는데 이들이 때로는 벽을 이루기도 한다. 포도나무가 자랄 수 있는 고도 위쪽에는 덤불과 관목 그리고 보기 드문 왜생림(矮生林)이 뒤덮고 있다. 덥고 건조한 긴 여름 동안에는 언덕이나 포도밭에 있는 지하 저수조에 물을 모아 두었다가 사용한다.

하얀 벽으로 된 특이한 마을의 기원은 중세로 거슬러 올라가며, 산골짜기 양쪽의 중간쯤에 자리하고 있다. 18세기 무렵 교구 교회 주변으로 집들이 좁고 구불구불한 길을 따라 거미줄처럼 들어섰다. 이곳은 지방색이 강한 전통 건물이 독특한 건축 양식으로 주목을 받고 있다. 도루 포도 농장은 중요한 명소로, 중심 건물 주변으로 농장 건물들이 수십 채 모여 있어서 쉽게 알아볼 수 있다. 이 세계유산 지역에는 중요한 가치나 의미를 지닌 성채나 교회는 없다. 하지만 저택 옆이나 언덕 높은 곳에 작은 예배 당이 군데군데 서 있다.

② 토커이의 포도주 역사 문화 경관

헝가리 토커이의 포도주 역사 문화 경관은 2002년 세계유산으로 지정 되었다. 이 지역의 경관은 포도밭과 오래전부터 생활해 오던 정착지뿐 아 니라 전통적인 경작지의 특화된 모습과 1000년의 전통적인 포도 재배 방 식을 생생하게 보여 준다. 이곳은 오늘날에도 원래의 모습을 잘 간직하고 있다. 토커이 지역에 인간이 꾸준히 정착·거주했음을 알 수 있는 최초의 징후들은 신석기시대로 거슬러 올라간다. 9세기 말에 토커이 포도주 지 역에 거주하기 시작한 마자르족은 이 지역이 훈족 아틸라 제국의 중심이 라고 믿고 이곳에 특별한 의미를 부여했다. 그들은 자신들과 훈족이 밀접 한 연관이 있다고 생각했다.

토커이의 포도밭

이 지역은 잇따른 몽골족과 여러 나라의 침략에도 불구하고 헝가리 피난민들을 보호했으며, 폴란드 상인들이 발칸반도와 다른 지역으로까지 무역하는 데 중심지 역할을 했다. 12세기부터 헝가리 왕들이 이끌고 온 왈롱 사람들과 이탈리아 이주민들이 이곳에 정착했고, 헝가리 왕국이 출현하면서 게르만족이 합류하게 되었다. 이 지역은 16세기경에 잠시 보헤미아 후스파의 통치를 받았지만, 헝가리의 마지막 위대한 왕인 후녀디 마차시에 의해 헝가리 왕국과 다시 통합되었다.

토커이 지역은 헝가리에 큰 영향을 끼쳤던 오스만제국의 지배에서 벗어났으나, 여전히 적의 기습에 쉽게 노출되는 위험한 국경 지대였다. 이 지역에서 포도나무를 심기 시작한 것은 12세기부터다. 포도 재배는 동쪽에서 전해졌다고 추정되며, 9~10세기에 헝가리인들과 함께 카르파트 지역에 정착했던 카바르족이 포도 재배를 전했을 것이다. 세계적으로 유명한 '토커이 아슈(Tokaji Aszu)'가 처음 생산된 것은 오스만제국 시대였다. 전해지는 이야기에 따르면, 오스만제국의 침략을 두려워한 사람들이 로란트피 미헐리 소유지에서 포도 수확 시기를 놓치면서 포도에 주름이 생기는 귀부병(貴腐病, noble rot)에 포도가 감염되었고, 라 보르트리티스 시레네아가 정착하면서 푸리튀르 노블(pourriture noble, 귀부병 포도주)을 만들었다고 한다.

또 수도원 원장이던 마테 셉쉬 라즈코도 귀부병에 걸린 포도로 포도주를 만들어 군주의 딸에게 선물했다. 토커이 포도주는 17세기 초에 권력을 잡은 라코치 트란실바니아 왕조의 주요한 수입원이 되었다. 페렌크 라코치 2세가 주도한 헝가리 독립을 위한 전쟁에서, 그는 루이 14세와 같은 유럽 군주들에게도 토커이 포도주를 선물했다. 그러면서 토커이 포도주

포도야, 넌 누구니

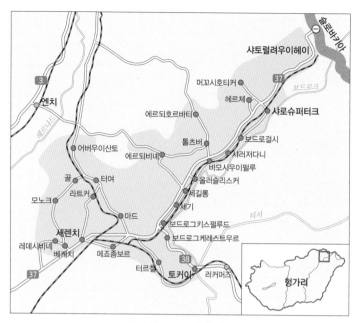

토커이의 포도 재배 지역

가 유명해지기 시작했다. 1717년 페렌크 라코치 2세가 패배하고 유배당하자, 합스부르크 가문은 그의 소유지를 다시 인수했다. 오스트리아-헝가리 제국 시대에 토커이 지역은 포도주로 이름을 널리 알리며 번창했다.

1870년 이 지역의 언덕 기슭에는 인구가 밀집했으며, 가장 발전했던 프랑스나 독일 연방의 인구수보다 많았다. 이웃한 슬로바키아, 루테니아, 그리스, 마케도니아에서 온 이주민들이 토커이에 정착했기 때문이다. 그리스에서 온 마케도니아 사람들은 대부분 포도주 도매상이었다. 18세기 말부터 점차 폴란드계 유대인들이 포도주 도매상으로 활동했으며, 유대인들은 토커이 포도주 거래에서 결정적인 역할을 담당했다.

그런데 토커이 포도주는 19세기에 시장이 축소되면서 서서히 쇠퇴기를 맞이했다. 필록세라에 걸려 죽은 토커이의 포도나무들이 거의 잘려 나가면서 상황은 더욱 악화됐고 제2차 세계대전이 끝날 무렵에 토커이에서의 포도 재배는 최악의 수준에 다다랐다. 홀로코스트(Holocauste, 유대인 대학살)로 유대인들이 죽었고, 귀족과 부르주아들의 사유 재산이 폐지되면서 이 지역의 성공을 이끌던 동력이 갑자기 사라졌다. 1990년이 되었을 때 헝가리는 정치적 변화를 맞이하여 토커이 포도주 생산과 포도 재배의 재건에 착수했다.

토커이 지역의 온화한 기후는 토양의 품질을 좋게 해 주었고, 경사면은 포도 경작을 하기에 최적의 환경이었다. 토커이 포도주 지역의 형성과 정착 단계는 지역의 수로학과 지형학을 반영한 것이다. 정착지는 크게 두 지역으로 나뉘는데, 하나는 보드로크강이고 다른 하나는 서쪽 가장자리에 있는 헤르나드강과 세렌치 하천 유역이다. 보드로크강은 젬플렌산의 산자락에서 굽이쳐 흐르기 때문에 이 강의 오른쪽 제방을 따라 정착지들이 늘어서 있다. 다른 정착지는 보드로크강으로 흐르는 개울의 계곡 부근에 있는데, 이곳은 예전에 주요 강의 교차점이었던 토커이의 티서강과 합류한다. 세렌치 하천은 턱터 지역으로 넓게 트여 있으며, 양쪽 제방으로 정착지가 펼쳐져 있다.

'토커이'라는 이름은 10세기 이래 헝가리 언어로 쓰이기 시작한 아르메니아의 단어 '포도(grape)'에서 유래했는데, 이를 통해 정착지가 언제쯤 생겼는지 알 수 있다. 뿐만 아니라 이 지역명은 당시에 포도 재배가 이미 행해졌다는 또 다른 증거이기도 하다. 그 지역의 건축 유산은 역사와 사회적·경제적 구조물을 상징적으로 보여 주는데, 각각의 정착지에서 중세 로마 가톨릭교회와 18~19세기의 그리스 정교회 교회, 유대인의 유대교 회당, 귀족의 성과 저택, 허름한 집, 포도주 가게, 작업장 등이 발견되

토커이의 포도주 지하 저장고

었다. 초기 정착지의 증거로는 12세기 보드로걸시 지역의 로마네스크식 교회를 들 수 있다.

이곳에는 폐허가 된 토커이의 14세기 성들과 터여, 모노크, 샤로슈퍼터크, 세렌치 등의 거주지가 있다. 18세기, 19세기부터 귀족의 저택이 터르철에서 발견되었다. 토커이 지역에서 가장 특징적인 구조물로는 포도주 저장고를 꼽을 수 있는데, 터르철의 칼만왕 시대인 1110년에도 포도주 저장고가 존재했던 것으로 알려져 있다. 토커이의 저장고는 둥근 천장과 땅에 굴을 판 형식으로 되어 있다는 점에서 두 가지 기본 형태를 구성하고 있다. 먼저 건물 아래에 비어 있는 공간이 있으며, 집을 건설하기 전에 미리 굴을 파서 현관 가까이에 저장고가 위치하도록 설계하였다.

포도는 집 뒤편의 공간에서 가공 과정을 거치게 된다. 동굴로 된 저장고는 주거 건물과 직접 연결되어 있지 않으며, 외관상으로는 격자 창살이나 나무문이 있는 암석 출입구가 보일 뿐이다. 응회암을 깎아 만든 저장고는 둥근 천장으로 보강할 필요가 없었으며, 토커이 지역의 저장고 중에 80~85%는 이런 방식으로 건설되어 있다. 특별히 흥미로운 점은 비체계적인 평면도로 설계된 미로 같은 다층 저장고이다. 이곳에서 포도주는 졸참나무로 만든 큰 통에서 숙성, 저장되었다. 가장 유명한 것은 샤토럴려우이헤이의 웅버리에 있는 저장고 연결망으로, 구역별로 27개 이상의 저장 통이 서로 연결되어 있다.

③ 피쿠섬의 포도밭 문화 경관

포르투갈 서쪽 북대서양에 있는 9개의 섬으로 이루어진 아조레스 제도, 그중에서 두 번째로 큰 섬인 피쿠섬은 북위 38°30′, 서경 28°32′에 위치한다. 피쿠 화산이 섬의 중심이며, 해발 2,351m이다. 작은 화산섬에서 포도를 재배한 독특한 경관이 나타난다. 15세기에 최초의 거주자들이 도착한 이후, 척박한 환경에서도 삶을 지속시키고 맛으로 칭송받는 포도주를 만들어 낸 농부들의 삶이 경관에 묻어 있다. 섬의 아름다운 경관은 사람의 손으로 직접 만든 것이다. 적은 수의 농부들이 포도밭을 둘러친 돌담 벽을 만들었다. 벽은 포도밭을 직사각형 모양으로 만들었으며, 구획된 직사각형 토지는 수천 개에 이른다. 유적의 일부 지역에서는 오늘날에도 활발하게 포도 농사를 짓고 있다. 이곳은 섬의 중심지인 마달레나의 바로 남쪽에 있다.

북쪽 지역은 예전에 포도나무와 무화과나무를 재배했지만, 지금은 대부분 버려져 수 미터 높이로 자란 헤더(heather, 야생화의 한 종류)가 무성하게 우거져 있다. 크리아상 벨랴 지역에서는 전통적인 포도 재배와 포

피쿠 화산을 배경으로 한 오래된 포도밭

도주 양조 작업을 계속해 오고 있다. 그중에서도 한때 수출도 많이 했던 달콤하고 맛이 뛰어난 베르델류(Verdelho)라는 식후주(desert wine)를 생산하고 있다.

작은 벽들이 기하학적으로 연결된 구조가 평평한 들판에서 해안선까지 이어져 있다. 들판에는 비바람에 상한 검은 현무암이 널려 있어 곡식을 재배하기는 힘들다. 높이가 2m인 벽은 해풍으로부터 포도나무를 보호하려는 목적으로 만들었다. 밭은 두 가지 유형으로 구분된다. 첫 번째는 출입문 하나에 작은 밭 6개가 무더기를 이루는 형태이고, 두 번째는 좀 더 일반적인 배열 구조이다. 평행한 2개의 밭 무리가 좁은 틈으로 서로 맞물려 있다. 좁고 긴 길을 따라 서로 접근할 수 있게 교차로 끝에 좁은 틈이 있다. 일반적으로 밭에는 포도나무를 키웠다. 예나 지금이나 경작과 수확은 모두 수작업으로 한다. 울타리는 흙을 전혀 사용하지 않고 만든다. 구

마달레나 전통 풍차

돌담으로 구획된 포도밭

마달레나 인근 해상

획을 작게 나눠서 벽을 세운 이유는 대서양에서 오는 해풍과 염분으로부터 농작물을 보호하려는 것이며 벽은 자체로 포도나무의 지지대가 된다. 바위로 된 길은 해안선과 밭을 따라 이어져 있다.

농경 지역 바로 아래에는 용암이 식어 생긴 길고 좁은 해안선 길이 있다. 대략 50~100m 깊이이며 바람과 염분에 심하게 노출되어 있다. 길을 따라 가 보면, 가끔 드러난 바위 위로 달구지 바퀴 자국이 깊게 패어 있다. 길은 포도밭을 지나면 직각을 이루며 다른 길과 서로 만난다. 전체 도로망은 바위 해안을 따라서 저장 보관소와 작은 항구로 연결되어 있다.

• 포도주 저장실, 증류 양조장, 창고

포도주 저장실은 거주지나 경작지 부근에 있다. 1, 2층짜리 작은 건물들은 건조하고 검은 현무암으로, 지붕은 얇은 점토 타일로 만들었다. 포

해안촌락

도 수확기에는 사람이 살기도 하는데 주로 위층을 숙소로 사용했다. 일부 거주지에는 포도주 저장실이 30여 곳이나 된다. 창고들은 저장실보다 더 크거나 비슷한 크기로 지었다.

• 항구

산타루지아 근처의 라지도 마을은 제법 규모가 큰 항구이며, 지금은 사람이 거주하면서 공식적으로 보존하고 있다. 이곳의 시설물은 작은 부두, 바다에 이르는 경사로, 예배당, 창고, 조수를 이용한 우물과 장원 영주의 저택 등이 있다. 영주의 저택은 박물관으로 일반인에게 공개한다.

• 조수를 이용한 우물

지표면에는 물이 부족하여 바위를 뚫고 우물을 파서 지하수를 끌어 올린다. 직사각형이나 정사각형으로 깊은 수직 통로를 만들고 돌을 쌓았다. 이 지역에 우물이 아직도 20여 곳이 남아 있어 일반 가정에서 사용한다. 물에서 염분이 섞인 맛이 난다.

• 주택과 예배당

유적의 북쪽에는 산타루지아와 같은 핵심 거주지가 여러 곳 있는데, 도시의 성격이 강하다. 포도 재배농들의 집과 포도 저장고, 창고들이 함께 있다. 서쪽에는 더 작은 마을이 있고, 포도주 저장실이 더 많이 퍼져 있다. 라지도에는 지역색이 강한 건축물이 있는데, 외관이 밝고 하얀 게 특징이다. 드물게 검은 벽이 있는 건물도 있다.

④ 라보의 포도밭 테라스

라보의 포도밭 테라스는 시옹성에서 보(Vaud)주 로잔시 동쪽 외곽까지 레만호의 북쪽 기슭을 따라 30㎞에 걸쳐 이어져 있으며, 마을과 호수 사이에 있는 완만한 산비탈을 무대로 하고 있다. 로마 제국 시대에도 이 지역에서 포도가 재배되었다는 흔적이 남아 있으나, 현재 보주에 해당하는 여러 지역이 언급되고 있는 기록에 의하면 9세기부터 포도 경작이 시작되었음을 알 수 있다.

12세기경에는 여러 개의 큰 수도원이 로잔의 주교로부터 토지를 하사받았다. 수도원은 오트리브(Hauterive)의 시토 수도원(1138), 호트크레트 수도원(1141), 몬테론 수도원(1142) 등이다. 이후 종교개혁이 일어나기 전까지 400여 년 동안 이 비옥한 땅을 관리하고 경관을 만든 것은 수도원이었다. 그들은 계단식 밭을 일구고 포도주를 수출하기 위해 도로를 건설했다. 현재의 경계와 도로들은 이 중세 구조를 따른 것이다.

14세기에 사업이 성장하고 확대되자 수도원의 수도사와 수사들은 토지를 대부분 땅을 경작하는 소작인에게 나누어주었다. 이들은 포도 재배를 하면서 곡식을 재배하고 목축과 과수원 일도 하는 농민들이었다. 그들은 농작물의 일부(수확 과일의 1/2, 1/3, 또는 2/5)를 수도원에 지급했다. 이 시기에 이 지역에서 농사를 짓고 있던 많은 농가가 자리를 잡았는데, 샤퓌(Chappuis) 가문의 포도 재배 기록은 1335년으로 거슬러 올라가는 게 그 예이다.

1331년의 기록에 처음으로 포도 재배를 위해 설치한 구조물에 대한 설명이 나온다. 계단식 밭의 넓이는 10~15m로 높이가 5~6m 되는 담으로 지지했다고 한다. 포도 재배 농장주들에게 담의 관리를 맡기고, 물이 흐르도록 하는 슬라이드를 관리하게 하는 계약 조항은 1391년에 생겨났다. 1536년에 로잔은 베른의 지배를 받게 되었고, 몇몇 부유한 베른 출신의 귀족 가문이 라보의 땅을 사들이기 시작했다. 베른에서는 브베에서 무동

스위스 라보 테라스 포도밭

까지의 도로를 개량했다.

처음에는 로잔의 주교가 포도의 질을 높이기 위해 포도 재배를 세심하게 관리를 맡았는데 나중에는 베른 사람들이 관리했다. 관리에 대한 첫 증거는 1368년으로 거슬러 올라간다. 포도주 저장실을 정하고, 지역의 포도주를 권장했으며, 외국산 포도주와 포도의 거름을 빼앗고 너무 많은 목재가 필요하다는 이유로 증류액을 금지했다. 포도를 재배하는 토지가 곡식을 경작하는 밭보다 훨씬 가치가 높아 로잔의 중산층은 많은 수익을 올렸고, 이에 따라 포도 재배 면적을 넓히라는 압력을 넣었다. 이에 대응하여 그런 상황을 막고 포도의 질을 유지하려는 입법의 움직임이 있었으나 실패로 돌아갔다.

1800년경에는 부유한 세속 가문과 기독교 가문의 대표들 외에도 작은 땅을 가진 토지 주인들이 많이 있었다. 종교개혁 후에 토지를 계속 보유하고 있던 프라이부르크(Freiburg)와 관계있는 오트리브와 같은 몇몇 수도원도 토지주에 속한다. 이렇게 작은 땅으로 쪼개어 소유했다는 것은 토지의 이용 효율이 낮았다는 것을 의미한다. 로잔이 새로 형성된 스위스 보주의 주도가 되고 스위스 연방에 가입한 1803년 이후에는 농업을 개선하기 시작하는 시기가 되었다. 테라스를 개선하고 침식을 막기 위해 더 큰 돌담을 만들었으며, 전체 구역에 새로운 배수로를 냈다.

1849년 보주 의회는 호수의 가장자리를 따라 로잔에서 브베를 잇는 도로를 개량하고 확장하는 일을 승인했다. 19세기 말에는 호수를 따라 난 절벽에 생긴 도로가 컬리와 세브르 사이의 마을들을 연결해 주었다. 1861년에는 마침내 철도가 만들어졌다. 철도는 1862년과 1904년에 확장되어 현재 철도 노선은 이 지역을 삼각형으로 감싸고 있다.

포도야, 넌 누구니

포도 재배에 가장 큰 변화가 생긴 것은 북아메리카에서 필록세라라고 하는 포도나무 뿌리 진디가 들어왔기 때문이다. 이 병은 1886년 라보에 상륙했다. 그래서 포도 재배 농가들은 재배 방식을 바꾸었다. 필록세라의 재발을 막는 화학적 처리를 하기 위해 포도밭을 쉽게 출입할 수 있도록 하는 포도 재배법을 도입했다. 접근성을 높이기 위해 옛날 재배 방식 중 대다수는 사라졌다. 새로 접붙인 포도를 심을 때는 '고블릿(goblet)' 방식 보다는 줄을 지어 심었다.

주 차원(canton level)에서도 변화가 생겼다. 위기에 맞서 산업을 육성 하기 위해서였다. 포도주의 질을 유지하고 포도 재배 농가의 적절한 수입 을 보장하기 위해 포도주 법안을 제출했고 산업을 더욱 엄격히 규제했다. 이리하여 포도 재배자들의 자유가 상대적으로 제한되었다.

제2차 세계대전이 끝난 후 로잔을 비롯한 많은 마을이 커지며 포도 재 배자들은 자신들의 작은 땅을 떠나게 되었다. 그리고 같은 시기에 교통이 발달하여 도시에 살며 농사를 짓는 것이 가능해졌다. 결국에는 혼합농업 이 사라지며 소와 돼지 농장은 없어졌다. 1957~1977년에는 포도주 산업 을 스위스 문화의 일부로 유지하기 위한 법안이 제출되었다. 처음에는 많 은 사람이 반대했지만, 지금은 포도주 생산뿐 아니라 포도밭 경관 보호와 관련해서도 포도주 산업의 구세주로 여기고 있다. 포도밭 경관에 가해진 마지막 큰 변화는 이 지역의 북쪽 가장자리에 A9 고속도로를 건설한 것 이었다. 이곳은 완충 지역으로 지정되어 있다.

⑤ 피에몬테 포도밭 경관

피에몬테의 포도밭에는 탁월한 경관을 자랑하는 다섯 군데의 포도주

피에몬테 포도밭 경관

피에몬테의 랑게

포도야, 넌 누구니

생산지역이 있으며, 포도밭의 발전이라는 측면에서나 이탈리아 역사에서도 상징적이며 중요한 장소인 '카보우르성'이 있다. 이 유산은 이탈리아 피에몬테의 남부, 포강과 리구리아 아펜니노산 사이에 위치하며, 수세기에 걸쳐 이 지역의 대표적인 특징이었던 포도 재배 및 포도주 양조와 관련된 기술적·경제적인 전체 과정을 포괄한다. 이 지역에서 포도나무 꽃가루가 발견된 것은 피에몬테에서 에트루리아인과 켈트족이 왕래하고 교역했던 기원전 5세기까지 거슬러 올라간다. 이 때문에 지역 방언에서는 오늘날까지 에트루리아어와 켈트어의 흔적이 남아 있는데 그중에서도 특히 포도주와 관련하여 심심치 않게 발견된다. 로마 제국 시대에 대 플리니우스(23~79)는 피에몬테 지역이 고대 이탈리아에서 포도나무를 키우기에 가장 적합한 곳이라고 했다.

이곳의 포도밭은 고대의 토지 구획 방식에 따라 신중하게 가꾸어져 있으며, 파노라마처럼 언덕 위에 굽이굽이 펼쳐져 있다. 포도밭 풍경의 군데군데에는 언덕 위의 마을과 성, 로마네스크 양식의 교회, 농장, 치아보(ciabot), 포도주 저장실과 포도주 저장용 창고 등이 있고, 포도밭의 가장자리에 있는 크고 작은 마을의 상업적 포도주 유통시설 등의 건물이 자리하고 있다.

랑게-로에로와 몬페라토 포도밭 경관은 인간과 인간을 둘러싼 자연환경 사이의 상호관계를 보여 주는 특별한 사례에 해당한다. 오랜 세월에 걸쳐서 천천히 발전해 온 포도 재배 기술의 결과, 특정한 토양과 기후 조건에 따라 가능한 최선의 포도 품종으로의 개량이 진행되었으며 그 자체가 포도주 생산에 관한 전문적인 지식을 형성하여 전 세계적인 모범 사례가 되었다. 아울러 포도 재배 경관은 매우 훌륭한 심미적인 특징을 표현하므로, 유럽 포도밭의 전형이라 할 수 있다.

　⑥ 클리마, 부르고뉴의 테루아

　'클리마(climat)'란 코트 드 뉘(Côte de Nuits)와 디종(Dijon)시의 남쪽 코트 드 본(Côte de Beaune)의 언덕을 따라 뚜렷한 경계로 구분된 포도밭 구획을 말한다. 이곳이 세계유산으로 지정된 이유는 포도 생산에 영향을 주는 부르고뉴 지방 특유의 포도주 생산 조건 때문이다. 특정한 자연조건, 즉 특정한 지질학적 특성과 자연조건의 노출 정도, 그리고 포도의 품종에 따라서 각각의 클리마에서 자라는 포도나무는 서로 다른 특색을 갖게 되었다. 포도 경작이 계속되면서 이러한 특징이 굳어져 클리마는 고유의 특색을 지니며 오늘날까지 이어지게 된 것이다. 클리마는 오랜 세월에 걸쳐 이 지역에서 생산된 포도주와 함께 여러 지역에 널리 알려져 왔다.

　클리마 문화 경관은 크게 두 부분으로 나뉜다. 우선 포도밭과 여러 마을과 시가지를 포함한 관련 생산 단위로, 이것은 포도주 생산 시스템에 속하는 상업적인 면을 보여 준다. 두 번째 부분은 '클리마 시스템'을 탄생시킨 디종시의 역사 중심지 경관이다. 클리마 유산은 중세 전성기(盛期) 이래로 부르고뉴 지방에서 발달한 포도 경작과 포도주 생산을 보여 주는 탁월한 사례이다.

　포도주 양조에 있어서 흔히들 테루아의 중요성을 강조한다. 그러나 테루아와 클리마는 차이가 있다. 클리마는 정확히 구분된 포도밭, 즉 지형 및 기후 조건이 서로 다른 땅을 울타리 경계로써 구획한 토지 단위이다. 구체적으로 클리마란 지형의 경사가 완만하고 일조량이 많으며 미풍이 부는 지역을 말한다. 테루아가 넓은 의미의 개념이라면 클리마는 변하

부르고뉴 클리마

지 않고 명백히 구획되는 좁은 의미의 개념이다. 현재 부르고뉴 포도밭은
1,247개의 클리마로 이루어져 있다.

⑦ 상파뉴 언덕, 샴페인 하우스와 저장고
　프랑스의 상파뉴 언덕은 부르고뉴보다 북쪽인 북위 49°에 위치한다. 보
통 북위 50°선을 포도 재배의 북한계선으로 보고 있기에 거의 한계 지역
에 해당한다. 날씨가 선선한 프랑스 북동부, 백악질의 토양에서 발달한
상파뉴 언덕의 샴페인 하우스와 저장고는 재료 공급원인 포도밭과 마을,
샴페인 생산과 물건을 사고파는 도시 구역으로 이루어진 매우 독특한 농
업 및 산업 경관이다. 샴페인 생산이라는 중대 과제는 마을의 기능 계획
과 기품 넘치는 건축물, 지하에 조성된 유산을 토대로 독창적인 세 갈래

조직으로 발달했다. 단순한 경관뿐만 아니라 지역의 경제 및 일상생활을 결정했던 이 농업 및 산업 체계는 오랜 세월에 걸친 발전 과정, 기술적·사회적 쇄신과 산업적·상업적 변모의 산물이며, 덕분에 영세한 작물 경작 체제가 전 세계에 제품을 판매하는 대량 생산 체제로 빠르게 전환될 수 있었다.

스파클링 포도주(발포성 포도주)를 생산하는 비법은 상파뉴에서 탄생했다. 이 비법은 이내 널리 확산됐다. 19세기부터 오늘날에 이르기까지 스파클링 포도주는 상파뉴의 비법을 모방하여 생산하고 있다. 샴페인은 축제와 축하, 화해 등에 대한 보편적 상징으로 널리 알려진 훌륭한 산물이다.

상파뉴의 크라망 포도밭

    상파뉴 주민들은 가혹한 기후와 비옥하지 않은 백악질 토양의 포도밭에서 포도주 양조 과정에서 생겨났던 수많은 난관을 극복하고 스파클링 포도주를 생산하고 취합하여 병에 넣는 기술을 완벽히 통달했다. 수백 년에 걸쳐 이루어진 포도 재배 및 포도주 양조 기술 유산인 상파뉴의 산물은 재료 공급처(포도밭), 가공 공간(포도의 즙을 짜서 저장하는 방당주와르(vendangeoir) 지역) 그리고 판매 및 유통 센터(샴페인 하우스의 본부)를 바탕으로 발전해 왔다. 이러한 공간들, 즉 쉽게 파낼 수 있는 백악질 토양의 포도밭과 지하 저장고 및 하우스와 같은 건축물들은 기능적으로도 그렇지만 본질상 상호 연계되어 있다. 병 안에서의 2차 발효라는 원리를 토대로 한 상파뉴의 독특한 생산 공정은 방대한 규모의 지하 저장고가 필요했다.

　로마 제국 지배 시대 및 중세 시대에 랭스에서 석회암 저장고를 이용하거나, 에페르네에서 맞춤 지하 저장고를 이용한 까닭에 상파뉴 언덕에는 특별한 지하 경관이 만들어질 수 있었다. 이것은 상파뉴의 숨겨진 또 다른 면이라고 할 수 있다. 샴페인이 18세기부터 오늘날까지 전 세계로 수출되고 무역량이 증가하면서 결과적으로 기능과 전시라는 목표를 하나로 통합한 도시 계획의 특별한 유형이 발전하게 되었다. 즉 생산 및 유통 센터를 중심으로 주변에는 포도밭과 운송로가 이어지는 새로운 구역이 생겨난 것이다.

　상파뉴 언덕, 샴페인 하우스, 저장고, 그리고 특히 생니케즈 언덕과 거대한 규모의 석회암 저장고, 초기 시대의 샴페인 하우스, 샴페인 거리, 상업용 하우스의 전시장 등은 삶, 축제와 축하, 화해와 승리(특히 스포츠)에 대한 프랑스식의 상징으로서 세계에 잘 알려진 고유한 상파뉴의 이미지를 훌륭하게 전달하고 있다. 문학은 물론 회화, 캐리커처, 포스터, 음악, 영화, 사진 예술, 심지어 만화책에 이르기까지 샴페인의 고유한 이미지는 그것의 영향력 및 지속성을 일관되게 웅변하고 있다.

　야트막한 언덕이 온통 포도밭으로 뒤덮인 상파뉴에는 최소한 100년도 더 된 유명한 샴페인 양조 회사들이 밀집해 있다. 이 중 상파뉴의 주도인 랭스와 그 인근 에페르네는 샴페인의 탄생지이자 중심 도시다. 베네딕트회 수도사였던 돔 페리뇽이 새 포도주와 오래된 포도주를 섞다가 우연히 거품 나는 포도주를 발견했는데 이것이 바로 샴페인의 시초였다. 프랑스는 1927년 제정한 원산지 통제 명칭(AOC)에 따라 상파뉴에서 만들어진 샴페인 말고는 샴페인이라는 명칭을 쓸 수 없도록 했다.

메종 메르시에 샴페인 지하 저장고 카브

상파뉴의 대표적인 샴페인 양조 회사 중 하나이며, 독창적인 느낌을 풍기며 훌륭한 수준을 갖춘 메종 메르시에의 카브(지하 저장고)는 에페르네의 백악질 토양으로부터 30m 아래 지하에 위치한다. 지상에는 시음 공간이 마련되어 있다. 보통 지하 저장고들은 서로 연결되어 있으며, 길이는 회사마다 다르지만 수십 ㎞에 이른다. 지하 저장고는 낮 기온에 상관없이 항상 온도를 10도 안팎으로 유지하여 샴페인 숙성에 최적의 조건을 제공하는 곳이다.

· 다섯 번째 보따리 ·

포도가 이주한다

포도는 포도나무나 포도 과실의 형태로 이동하고, 또 포도주 유통이나 무역이 일어나는 과정에서 다른 지역으로 이주한다. 이 중에 포도의 주요 이동은 포도를 포도주로 만들고 이것을 용기에 담아 먼 지역에까지 운반하는 형태로 일어났다. 그러면 포도주를 어디에 담아 무엇으로 어떻게 운반했을까?

포도주는 액체로서 그 형태와 무게 때문에 운송과 운반이 꽤 까다롭고 번거로운 화물이었다. 포도주 발효는 한층 복잡한 문제점이었다. 포도주가 빠르게 발효되면서 운송 가능성이 제한을 받았다. 밀폐된 컨테이너가 출현하기 전까지 운송하는 동안 포도주가 계속 발효될 수도 있었기 때문이다. 병입은 운송 도중에 일어나는 발효를 제한하는 데 도움을 줄 수 있었지만, 또 다른 복잡한 문제를 만들어 냈다. 초기의 포도주병은 깨지기 쉬웠고, 운송 도중에 발생하는 파손은 경제적 손실을 크게 입혔다. 당시 최상의 도로에는 자갈이 깔려 있었기 때문에 더더욱 깨질 확률이 높았다.

역사적으로 포도주를 어디에 저장했으며 어떻게 운반했는지에 대해 살펴보는 것으로 포도의 이주에 관한 항해를 시작하고자 한다.

1. 포도주 보관과 운반

신석기에는 포도를 재배하기 시작함으로써 이전보다 더 많은 포도를 수확할 수 있었고, 기원전 6000년경에는 포도주를 보관하기에 가장 이상적인 도구, 즉 토기가 등장했다. 말랑말랑한 점토로 그릇을 빚기 시작한 신석기 사람들은 주둥이가 넓은 사발보다는 공기와의 접촉을 효과적으로 막을 수 있는, 목이 좁은 항아리를 사용했다. 불에 구워 만든 토기는 물

기원전 6000년경 조지아의 대형 토기 크베브리(Qvevri)

포도야, 넌 누구니

이 스며들지 않아 포도주를 담기에 안성맞춤이었다. 토기에 비하면 돌이나 나무로 만든 그릇은 실용적이지 못했고, 짐승의 가죽으로 만든 자루는 수명이 짧다는 한계가 있었다.[1]

1) 암포라와 돌룸

'암포라(amphora)'는 '두 개의 손잡이가 달린 항아리'라는 뜻이다. 항아리로 운반을 좀 더 수월하게 할 수 있도록 항아리에 손잡이 두 개를 달았다. 포도주, 올리브유, 곡물 및 기타 귀중한 액체를 보관하거나 운반할 때 사용했던 고대 세계의 표준화된 그릇이다.

흙을 구워 만든 암포라는 가나안의 한 여인이 만들었다고 하며, 기원전 1500년경 이집트에 전해졌다. 안쪽에 송진이나 밀랍을 입혀 물이 새지 않도록 하고 석고나 코르크로 입구를 틀어막은 뒤 다시 송진으로 봉인하여 포도주를 보관했다. 고대 그리스와 로마에서 암포라의 사용과 표준화는 절정에 이르렀다. 그리스의 암포라는 40ℓ, 로마의 것은 26ℓ 정도를 담을 수 있는 크기였다. 요즘 포도주병보다 정교하여 방수성이 좋고 포도주를 상하지 않게 보관할 수 있었다고 한다.[2]

암포라 사용은 다음과 같은 측면에서 효과가 있었다. 먼저 암포라의 가늘고 긴 목은 산소에 노출되는 포도주의 표면적을 줄여 주었다. 둘째, 뾰족한 바닥은 이곳에 침전물이 모이게 하고 장기간 저장이 필요할 때 땅에 쉽게 묻을 수 있게 했다. 셋째, 암포라가 유행한 시기의 선박에 잘 맞는 운반 도구였다. 마지막으로 두 개의 손잡이는 운반의 부담을 덜어 주었다.[3]

나중에 등장한 나무통과 마찬가지로 암포라는 빙빙 돌릴 수가 있어서

기원전 86년 로마인들이 아테네를 파괴한 잔해에서 나온 암포라

배 안에 실린 암포라

운반할 때 편리했다. 하지만 나무통처럼 굴릴 수는 없었다. 암포라는 뾰족한 바닥 때문에 똑바로 세울 수가 없어서 어딘가에 기대 놓아야 했다. 암포라를 똑바로 세워야 할 때는 토기나 나무로 만든 버팀대가 동원됐고 배에 싣고 이동할 때는 그것을 나무 상자에 넣거나 모래를 깔고 그 위에

포도야, 넌 누구니

고대 로마 오스티아

프랑스 고대 촌락의 돌리아

세웠다.[4]

그리스의 포도주 교역은 국내든 해외든 간에 상당히 수지맞는 장사였다. 유럽 전 지역에 산재하는 수천 개의 암포라를 보면 그리스의 포도주가 뻗어 나간 지역을 짐작할 수 있게 한다. 새로운 그릇, 나무통이 등장하기 전까지 포도주를 발효시키고 묵히고 저장하고 운반한 것은 물론 올리브유, 곡물을 실어 나를 때도 가장 널리 쓰인 용기가 암포라였다. 아름답지는 않지만 묘한 매력이 있는 암포라는 크기와 모양이 다양했고 지역과 만든 이에 따라 특징이 각기 달랐다. 암포라의 외형은 바닥이 뾰족하고 몸통은 위로 갈수록 넓어지며 손잡이가 두 개다. 포도주를 가득 채우면 한 사람이 들기에는 너무 무거웠기 때문에 두 사람이 한 쪽씩 잡고 옮길 수 있게 만든 것이다. 빈 암포라 무게도 포도주를 가득 채웠을 때의 절반 정도로밖에 줄지 않아 한 사람이 들기에는 만만치 않게 무거웠다.[5]

수천 년 동안 토기 항아리는 포도주를 발효, 저장 및 운반하는 데 사용되었다. 고대 로마인들은 돌륨(dolium, dolia)이라는 암포라보다 훨씬 큰 토기 항아리에 포도즙을 발효시켰다. 그리스인들은 이것을 피토(pithoi)라고 했다. 포도주를 돌륨에 담아 지하실에 보관했는데, 돌륨은 대략 2,000~3,000ℓ의 용량을 가졌다.[6] 이 항아리는 로마 제국의 무역선에 설치되어 포도주 운반용으로 이용되었다. 기원전 1세기에 이르러서는 돌륨을 바닥에 붙여 특수 제작한 선박이 등장했다. 로마의 유조선으로 불렸다. 돌륨은 높이가 2m, 둘레가 5m에 이르는 크기였다. 프랑스에서 발견된 돌리아는 땅에 묻혀 있었는데, 포도주는 물론 곡물과 기타 농산물을 보관하는 용도로 이용했던 것으로 보인다.

2) 참나무통

포도주의 보관 기술에 변화가 생겨 수백 년 동안 쓰인 토기 항아리, 암

포도주 통

포라가 나무통(barrel)으로 대체되었다. 로마의 수출업자들이 켈트족의
나무통을 갈리아인을 통해 도입한 이후, 나무통은 20세기 유리병이 확산
하기 전까지 포도주를 운반하는 수단으로 널리 쓰였다.[7] 너도밤나무나
참나무로 만든 켈트족의 술통은 가볍고 튼튼하여 처음에는 맥주 보관용
으로 쓰이다가 점차 포도주를 저장하고 옮기는 데도 사용했다. 1세기 초
에 로마인들은 이 통을 운반 용기로 널리 채택했다. 3세기 무렵에는 나무
통에 포도주를 저장하고 운반하는 것이 대세가 되었다.[8] 참나무로 만든
통은 진흙보다 강하고 무게가 훨씬 덜 나가며 옆으로 돌려서 굴릴 수 있
는데, 이것은 특히 고대 로마 군인들이 대륙으로 점점 더 깊이 진군하는
데 도움이 되었다. 메소포타미아에서 사용했던 야자수와 달리 참나무는
비교적 쉽게 구부릴 수 있었다.

　포도주 통은 프랑스인이 특히 자랑스럽게 여기는 갈리아인의 발명품이
다. 프랑스어 토노(tonneau)는 영어의 톤(tun)과 같은 어원으로 켈트어

에서 유래했다. 통은 포도주를 즐기는 남쪽보다 맥주를 마시는 북쪽, 즉 갈리아의 북부 지방에서 더 많이 생산되었다. 남부에서는 암포라가 포도주 보관에 상당 기간 사용되다가 통으로 바뀌었다.

중세 말까지 통 만드는 일은 한센병 환자들에게나 허용된 극소수 직업 중 하나였으나, 어느새 통 제조업은 중요한 산업이 되어 중세 최대의 길드(guild)를 형성하였다. 게르만족은 꿀로 만든 술이나 맥주를 나무통에 담아서 마셨는데, 포도주도 기존의 습관대로 나무통에 담아서 마셨다고 한다. 나무통에서는 외부 공기가 나무속의 작은 구멍으로 순환하여 포도주의 맛과 향이 더해졌기 때문이다.[9]

포도주의 숙성과 저장 및 운송을 위해 오래전부터 이용된 참나무통은 미생물이 번식하지 못하는 청결한 소재로 된 통—스테인리스 스틸이나 콘크리트, 플라스틱으로 만든 통—에 밀려나기도 했지만, 오늘날에 와서 포도주 양조법의 혁신과 함께 다시 등장했다. 수많은 연구 결과들이 참나무의 역할이 단지 나무 고유의 향을 내는 데 그치지 않는다는 사실을 입증했다. 참나무는 방수 기능뿐 아니라 포도주를 숨 쉬게 만드는 놀라운 기능을 가졌다.

참나무통이 하는 기능은 여러 가지가 있지만, 그 첫째가 바로 미세한 양의 공기가 규칙적으로 통을 드나들게 하여 산소를 공급하는 데 있다. 그래서 참나무통은 내용물의 구조를 변화시키고 포도주의 구성 성분과 품질까지 변화시킨다. 포도주의 특성—얼마나 좋은 산지의 포도로 만들었는가—과 생산연도—어느 해에 수확한 포도로 만들었는가—에 따라 다른 통이 필요한데, 이 때문에 반드시 통 제조 전문가가 있어야 한다. 또 어느 산의 나무를 쓰는가, 얼마나 강한 온도로 나무통을 가열하는가, 새 원

목을 얼마나 섞어 쓰는가에 따라 포도주의 품질, 즉 맛과 향에서 미묘한 차이가 난다고 한다.[10]

참나무통의 일반적인 크기는 프랑스 보르도의 경우 225ℓ이며, 일부에서는 이보다 큰 통이나 작은 통을 사용하기도 한다. 천연 참나무통의 구멍들은 포도주를 산화시키고 증발시킨다. 225ℓ의 참나무통에서 연간 약 21~25ℓ의 포도주가 증발하는데, 대부분은 물과 알코올이다. 이는 포도주의 맛과 향을 밀집시키고, 참나무통을 통해 들어오는 미세한 양의 산소는 포도주의 타닌을 부드럽게 산화시키는 역할을 한다.[11]

3) 유리병과 코르크 마개

입으로 공기를 불어 넣어 유리를 만드는 제조 기술은 시리아에서 발달하여 기원전 1세기경 널리 퍼졌지만, 처음엔 물병이나 컵을 만드는 데만 이 기술이 사용되었다. 나무를 때서 만들어 내는 흰색 유리병은 두께가 얇고 깨지기 쉬워 포도주 보관용으로 적합하지 않았다. 병 바닥은 대개 정사각형이었다고 한다. 당시 유리 제품은 매우 고가품이었기 때문에 대부분 성찬식에서만 사용했다.

유리병을 포도주 보관용으로 널리 사용하기 시작한 것은 1630년대에 이르러서다. 영국에서 용광로의 연료를 나무에서 석탄으로 교체하고부터 포도주병의 조상이라 할 수 있는 새로운 유리병이 탄생했다. 이 병은 무겁고 단단했으며 두꺼웠다. 단단하고 오래가는 영국산 유리병은 옛것보다 가격이 절반이나 저렴해 포도주 보관법과 포도주 소비에 혁명을 일으켰다. 여기에 주둥이 부분을 고리 모양으로 만들어 견고하게 만드는 방

빈티지 포도주병

법이 개발되면서 코르크 마개의 사용도 가능해졌다.[12]

초기의 포도주병은 바닥이 뚱뚱하고 목이 짧았는데 시간이 흐르면서 목은 길어지고 바닥은 날씬해졌다. 1820년대에는 현대 포도주병과 비슷한 모양을 갖게 되었다. 오늘날에는 병의 형태가 다양하고 지역 전통에 따라 병 크기가 조금씩 차이가 나지만, 일반적으로 750㎖짜리 포도주병을 국제 규격으로 사용하고 있다. 유리병은 장기 보관과 숙성에 적합하여 큰 인기를 얻었다.

새로운 유리병의 탄생에 이은 두 번째 혁명은 코르크 마개의 발견이었다. 고대 그리스에서는 코르크에 송진을 발라 암포라를 봉인했는데, 이 방식이 새롭게 부활한 것은 17세기 들어서였다. 이전까지는 가죽, 나무, 헝겊을 마개로 썼었다. 하지만 나무로 막은 뒤 헝겊으로 빈틈을 메우는 방식만 그나마 효과가 있었을 뿐, 어떤 마개도 공기를 완벽하게 차단하지는 못했다. 유리병이 개발되면서 가끔 유리 마개를 쓰기도 했지만, 병의

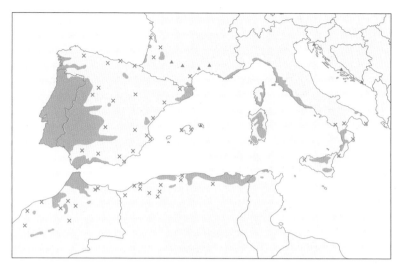

코르크나무 자생지 분포(2016)

모양과 크기가 제각각이어서 마개도 개별적으로 제작해야 하는 어려움이 있었다.

코르크 마개의 등장은 포도주 보관 역사에 새로운 장을 여는 사건이었다. 코르크는 비대생장[13]을 하는 식물의 줄기나 뿌리 주변부에 만들어지는 보호 조직이다. 어떤 나무든 코르크층이 있지만, 보통 코르크나무[14]의 코르크층이 우리가 아는 코르크이다. 코르크는 유연성이 뛰어나고 젖게 되면 팽창하기 때문에 공기를 완벽하게 차단할 수 있었다. 처음에는 코르크 마개가 진가를 제대로 발휘할 수 없었다. 병 입구를 너무 단단히 틀어막아 도리어 빼낼 수가 없었기 때문이다. 하지만 코르크 따개(screw)의 발명으로 이 문제는 말끔히 해결되었다.

코르크의 유일한 단점은 공급의 어려움에 있었다. 코르크를 만들 수 있는 나무가 자라는 곳은 기후 조건상 포르투갈과 스페인에 한정되어 있었

코르크나무

코르크나무 단면

코르크 마개

기 때문이다. 이 말은 곧, 포도주를 병에 담고 싶은 나라는 포르투갈이나 스페인과 무역을 해야 한다는 뜻이었다. 1703년에 체결된 메수엔 조약으로 포르투갈과 영국 간의 교역이 이루어지자, 영국 국민은 포트와인(port wine)을 마음껏 즐길 수 있게 되었고 상인들은 코르크를 쉽게 얻을 수 있게 되었다.[15]

많은 포도주 역사가들은 포도주병과 코르크 마개의 환상적인 결합이야말로, 포도주의 근대적 국제무역에 필수적인 두 가지 선행조건이었음을 강조했다. 이제 포도주는 투박하고 거친 질그릇이나 나무통 속에만 숨을 필요가 없게 되었다.[16]

4) 탱크 컨테이너

오스트레일리아는 세계에 엄청난 양의 포도주를 저렴하게 수출하는 방법을 고안했다. 육상 운송일 경우, 플라스틱 주머니에 포도주를 담아 컨테이너로 운반하는 플렉시탱크(flexible tank container)와 이보다 견고하고 무거운 아이소탱크(iso tank container)를 이용하여 기차와 트럭에 실을 수 있다. 플라스틱 주머니에는 3만 병의 포도주를 담을 수 있다고 한다. 오늘날 오스트레일리아, 미국, 남아프리카공화국의 포도주 수출량에서 절반 이상이 플렉시탱크로 운송되고 있다. 이와 같은 포도주 무역이 세계화되면서 포도주의 병입 장소가 바뀌고 있다. 포도밭과 양조장에서 포도주 무역선의 목적지 항구에 있는 병입 시설로 옮겨가고 있다.

아이소탱크

5) 라벨

포도주를 유리병에 넣는 기술과 더불어 다양한 종류의 포도주가 생산
되면서 포도주 그 자체에 대한 원산지와 품질을 확인해야 할 필요가 생겼
다.**17** 가장 오래된 라벨(Label)은 프랑스의 수도사 피에르 페리뇽(1638~
1715)이 쓴 것이다. 피에르는 생산연도와 원산지, 숙성기간 등의 정보를
양피지에 기록한 후에 끈으로 병의 목 부분에 매달았다.

그러나 포도주에 대한 단순한 정보를 확인하는 것 이상의 라벨을 제작
하는 데에는 적지 않은 비용이 필요했다. 그래서 17세기 중반 이후 18세
기까지 포도주 라벨은 생산자의 머리글자, 고유 마크, 포도송이의 모양을
양각해서 인쇄하거나 종이를 이용해 흰색 바탕에 검은색 글씨로 인쇄한
단순한 라벨들이었다.

1798년에 들어 라벨은 혁신적으로 발전했다. 체코 출생, 독일 국적의
알로이스 제네펠더가 석판 인쇄술을 발명한 덕분이었다. 이로써 작은 크

포도주병과 라벨

기의 포도주 라벨을 대량으로 인쇄하는 길이 열렸다. 돌 위에 생산할 라벨의 그림을 그려 놓고 그 위에 잉크가 묻은 롤러를 밀어 주는 비교적 단순한 기술로서 짧은 시간에 비교적 저렴한 비용으로 같은 모양의 라벨을 대량으로 생산할 수 있었다. 그 결과 포도주 생산업자는 자신이 원하는 이미지나 모양 또는 내용의 글을 라벨에 옮겨 놓을 수 있었으며, 양적인 측면에서도 원하는 만큼의 라벨 확보가 가능해졌다.

유리산업이 발전하고 운송 수단이 좋아지면서 병의 수요도 급증했다. 동시에 포도주병에 라벨을 다는 것도 궁극적으로는 포도주 산업을 부흥시키는 역할을 했다. 인쇄된 라벨이 대부분 사각형의 흰색 종이에 고딕체 또는 알파벳 소문자 형태로 단순히 포도주의 종류만을 나타내는 비교적 세련되지 못한 것이었지만 말이다.

19세기의 이탈리아 라벨은 포도주의 품질을 나타낸 것이 아니라 농부

헝가리 토커이의 포도주 라벨

들의 삶이나 전원 풍경을 배경으로 한 포도주 양조 가문의 전통 문장을 표현했다. 이러한 경향은 시간이 흐르면서 포도주 양조업자의 자긍심과 결부되어 더욱 강화되었다.

현대의 포도주 라벨에는 전원 풍경, 회화적 또는 신화적으로 묘사된 인물이 등장했다. 과거를 회상하는 아름다운 추억과 삶의 흔적도 라벨의 장식적인 요소에 포함되었다. 이로 인해 1950년을 전후하여 현학적·교훈적 요소가 대거 등장하면서 더는 일관된 정의가 불가능한 라벨이 주류를 이루게 되었다.

라벨에 들어가는 포도주 이름을 짓는 데에는 몇 가지 규칙이 있다. 첫째, 포도 품종으로 짓는 것이다. 카베르네 소비뇽, 메를로, 샤르도네 등과 같은 포도 이름을 붙이는 것이다. 주로 미국, 칠레, 아르헨티나, 오스트레일리아 등 신대륙의 포도주 이름에서 찾아볼 수 있다.

둘째, 프랑스, 이탈리아 같은 유럽의 전통적인 포도주 생산지역에서 사용하는 방법으로 생산지명으로 짓는 경우다. 포도주 생산지마다 포도주 양조 과정 기준이나 양조 기술이 서로 다르기 때문에 이름만으로도 포도주의 성격을 알 수 있다. 마데이라가 대표적인 사례이며, 메독, 생테밀리옹, 키안티 클라시코 등과 같은 포도주 이름도 포도주 생산지역의 이름을 붙인 것이다.

셋째, 양조장 이름을 포도주 이름으로 부르는 것이다. 샤토, 도멘, 와이너리, 에스테이트 같은 이름들이 있다. 프랑스 보르도 포도주의 경우 90%가량이 양조장을 의미하는 '샤토 ○○○'(이)라는 포도주 이름을 갖고 있다.

넷째, 최근에 등장한 라벨 경향으로 포도 품종이나 생산지역이 아닌 '에

지역명이 포도주 이름이 된 마데이라

마데이라는 포르투갈 영토로 스페인, 포르투갈, 모로코 서부 해안으로부터 멀리 떨어져 있는 화산섬이다. 이곳은 범선 시대에 무역선이 탁월풍을 이용해 대서양을 횡단하기 직전에 들르는 마지막 기착지였다. 선박에 댈 물을 얻기 위해 정기적으로 머무는 장소였다. 또 영국과 포르투갈 사이의 무역협정은 대서양 횡단 무역에서 마데이라의 중요성을 굳건히 하는 데 일조했다.

빈티지 마데이라 포도주

마데이라 포도주에는 브랜디 혹은 케인 스피릿(cane spirit, 사탕수수에서 증류한 알코올)이 첨가된다. 규칙적인 강수와 사탕수수 생산을 가능하게 하는 따뜻한 기온이 나타나는 마데이라에서 포도주와 사탕수수가 만난 것이다. 이로 인해 마데이라 포도주는 알코올 성분이 강화되어, 대서양 횡단의 긴 시간을 견딜 수 있었다. 횡단 중 열대를 통과하는데, 그때의 열기가 포도주를 쉽게 상하게 만드는 원인이었다. 이러한 열대지방의 열기에도 마데이라가 살아남을 수 있었던 이유는 알코올 강화로 추가 공급된 알코올 함유량에 있었다. 200년이 넘는 기간 동안 대서양 횡단 무역의 성격은 변했지만, 마데이라와 마데이라에서 번성한 포도주 양조 기술 간의 연계는 변하지 않았다.**18** 지금도 마데이라 말바시아 포도주는 세계에서 가장 오래가는 포도주 중의 하나로 살아남아 있다.

스쿠도 로호'나 '빌라 안티노리'와 같은 고유한 브랜드를 갖는 포도주 이름이 있다. 기억하기 쉽고 차별화된다는 장점이 있다.

독일과 스페인의 경우, 포도주병에 라벨을 붙일 때 다음과 같은 내용을 표시한다.

독일과 스페인의 라벨 내용

독일		스페인	
순서	내용	순서	내용
1	포도주 산지	1	포도주 양조업자 이름
2	포도주 생산연도	2	지금까지 받은 메달
3	포도주 산지의 구역	3	포도주 이름
4	포도 종류	4	포도주를 병에 채운 장소
5	포도주 종류	5	양조장이 위치한 도시 이름
6	포도주 급수	6	원산지를 보증하는 표지
7	포도주 검사 번호	7	생산연도와 포도주 등급
8	포도주 양조장	8	포도주 용량
9	알코올 함량	9	알코올 함량
10	포도주 용량		

6) 포도주 지리적 표시제

프랑스에서 원산지 명칭을 통제하는 제도(AOC: Appellation d'Origine Controlee)를 시행하는 이유는 19세기 중반부터 창궐하기 시작한 필록세라 해충과 세계대전으로 인해 프랑스 포도주의 품질이 급격히 떨어졌기 때문이다. 포도밭이 쑥대밭이 되면서 프랑스에선 품질이 좋은 포도주를 찾아보기 힘들게 되었고, 악덕 상인들이 형편없는 포도주를 고급 포도주인 양 속여서 팔아먹는 상황이 벌어졌다. 이 같은 소비자의 불신을 극복하기 위해 원산지 명칭 통제 제도를 만들어 국가 차원에서 포도주 품질을 보증하려고 했다.

2009년 8월 1일 유럽 연합(EU)에서는 회원국에서 생산하는 포도주에 대해 원산지 이름으로 보호받는 PDO(Protected Designation of Origin) 포도주와 지리적인 표시로 보호받는 PGI(Protected Geographical In-dication) 포도주로 분류하는 새로운 포도주 법안을 제정했다. 유럽 연합 각국은 이에 따라 자국의 포도주 법을 수정했고, 프랑스도 이에 맞춰 2009년부터 원산지 명칭 통제 제도를 개정한 AOP(Appellation d'Origine Protegee)법을 적용하고 있다.

2. 포도주 무역

오늘날에는 냉장 기술과 교통의 발달로 포도주, 건포도는 물론 포도 과실까지 대륙 간 이동이 가능해졌다. 하지만 역사적으로 보면 이런 이동이 가능해진 것은 얼마 되지 않는다. 포도의 이동은 대부분 포도주로 만들어져 공급과 수요에 의한 무역의 발생으로 이루어졌다. 포도주 무역은 운송의 가능 여부, 즉 교통 가능성의 영향을 받고, 또 포도주 생산지의 공급량과 소비지의 수요량의 영향도 크게 받는다. 생산지의 포도 재배 작황과 양조 기술은 공급량에, 소비지의 인구·문화·경제 상황에 따른 구매력은 수요량에 영향을 미친다. 그럼 포도주 무역은 시대마다, 지역마다 어떻게 이루어지고 있었을까? 단편적이나마 포도주 무역의 역사와 지리를 소개하고자 한다.

1) 메소포타미아

메소포타미아의 포도주 무역은 기원전 1750년에 시작된 이후 수천 년 동안 계속되었다. 메소포타미아는 포도주 무역에서 최초의 종착역이었다.[19] 출발역은 최초로 포도주가 생산되었던 메소포타미아의 북쪽 캅카스 지방이었다. 이에 고대 아르메니아 상인들은 캅카스 지방의 포도주를, 너무 더워서 포도를 재배할 수 없었던 바빌론 제국의 중심부까지 유프라테스강을 이용해 운반했다. 최초로 포도주를 양조했던 캅카스 남부의 아르메니아에서부터 유프라테스강을 따라 남부 지역으로 인류 최초의 포도주 무역이 이루어졌다.

역사학의 아버지라 일컬어지는 헤로도토스는 자신의 저서 『역사』에서 기원전 5세기경 아르메니아 상인의 포도주 무역에 대해 다음과 같이 자

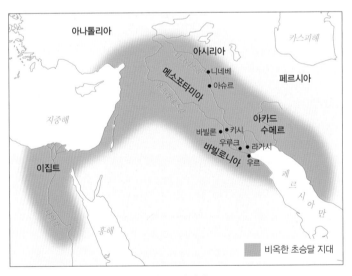

메소포타미아

포도야, 넌 누구니

세히 설명하고 있다.

아르메니아 상인들은 버들가지를 잘라 배의 골격을 만들었고, 그 바깥쪽에는 마루를 깔 듯 짐승의 가죽을 붙여서 배를 만들었다. 이때 선미를 넓히거나 선수를 좁히지 않고 방패처럼 원형으로 만들어 선내에 짚을 깐 다음 짐을 가득 싣고 강을 내려가게 했다. 또 흥미로운 것은 아르메니아 상인들이 배 안에 당나귀를 태웠다는 것이다.

짐은 대부분 포도주를 가득 채운 야자나무 통이었다. 아르메니아에서는 포도주를 쉽게 생산할 수 있었고 포도가 재배되지 않는 바빌론으로 가져가 비싼 가격에 팔 수 있었다. 배에는 가죽으로 만든 부낭을 매달았는데, 이는 배가 쿠르디스탄 계곡의 유프라테스강 급류 구간을 넘어갈 때 유용했다. 당나귀와 포도주를 가득 실은 배가 쿠르디스탄 부근의 급류를 통과할 때는 바위에 부딪혀 배가 난파할 수 있는 정말 위험한 상황을 맞이할 수도 있었다. 그러나 가죽으로 덮은 배는 바위에 부딪히더라도 균형만 잃지 않으면 구멍이 몇 개 생기는 정도였으며, 그 구멍도 몇 분이면 수리할 수 있었다.

배가 바빌론에 무사히 도착하여 싣고 온 포도주를 모두 내려서 현지 상인에게 넘기고 돈까지 받고 나면, 아르메니아 상인은 이제 고향으로 돌아가야 했다. 한편 유프라테스강을 타고 내려오는 것은 상대적으로 수월했지만, 다시 거슬러 올라가기는 물살 때문에 사실상 불가능했다. 그러나 아르메니아 상인은 전혀 걱정하지 않았다. 그들은 이 모든 것을 고려해서 배를 만들었고, 또 배에 당나귀를 싣고 온 것이었다. 아르메니아 상인은 거래가 끝난 후 배의 골격과 짚을 모두 경매로 처분하고, 배 밑에 깔

앉던 가죽을 배에 태우고 왔던 당나귀에 싣고 터벅터벅 아르메니아로 되돌아갔다. 그리고 고향으로 돌아오면 다시 똑같은 방식으로 다른 배를 만들어 포도주 싣고 바빌론으로 갈 계획을 세웠다.[20]

2) 고대 그리스와 로마

세 번째 보따리의 '고대 그리스와 페니키아의 식민지'(66쪽) 지도를 보면 알 수 있듯이, 지중해와 흑해 연안에 많은 식민지를 거느리고 있었던 고대 그리스가 식민지에 전한 포도 문화의 영향을 한마디로 표현해 주는 말이 있다. "지중해 사람들은 올리브와 포도를 재배하는 법을 배웠을 때 야만적인 태도에서 벗어나기 시작했네."[21] 그리스 영토의 범위는 그리스 포도 무역의 영향권과 거의 일치하며, 지중해 연안은 물론 흑해 연안에까지 포도 무역이 이루어졌음을 알 수 있다.

지중해 연안과 흑해 연안이 포도주 무역의 지리적 범위였으므로 고대 그리스에서 포도주의 운송은 주로 배를 통해 이루어졌다고 볼 수 있다. 뱃길이 워낙 위험해서 과거 그리스 상선들이 오갔던 바다 밑바닥에는 이루 헤아릴 수 없을 만큼 많은 암포라가 묻혀 있다고 한다. 특히 프랑스의 남부 해안은 암포라를 실은 선박의 난파 사고가 잦기로 유명했다. 그리스에서 갈리아로 향하는 주요 관문인 마실리아(오늘날 마르세유 인근)를 통해 해마다 수출된 포도주의 양만 해도 1000만 ℓ로 추정[22]될 정도로 포도주 무역이 왕성했다.

다음의 지도를 보면 로마 제국에서의 포도주 무역은 고대 페니키아와 그리스 때보다 교역권이 훨씬 넓어지고 교역로가 촘촘해졌음을 추정할

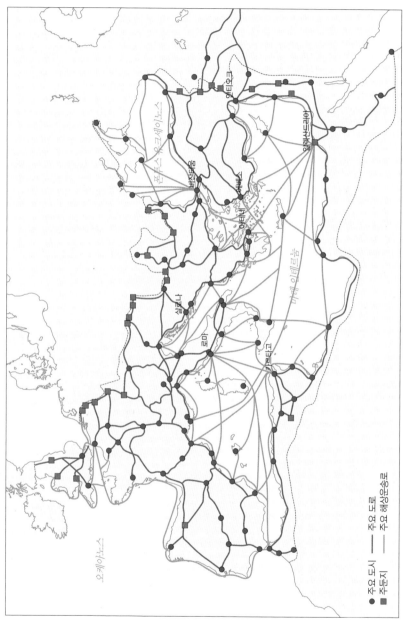

로마 제국의 도로 및 해상무역로(125년)

오케아노스

폰투스 에우크세이노스

안티오크

하드리아눔

게르마니쿰

메디테라눔

베네통

아테나

카르타고

로마

아콰티카

● 주요 도시   ── 주요 도로
■ 주둔지   ── 주요 해상운송로

수 있다. 포도 재배와 포도주 양조법은 제국의 도로와 해상교통로를 따라 포도 재배 중심지에서 식민지로 퍼져 나갔고, 상인들은 이 길을 따라 포도주를 운송했기 때문이다.

3) 프랑스

프랑스에서는 초기에 포도주 대부분을 육로를 이용해 옮겼다. 그러다 운하가 건설된 이후에는 통의 요동이 적은 하천을 이용하는 운송을 선호하게 되었다. 작은 마을에서는 그 지방에서 생산한 포도주를 마실 수 있었지만, 대도시에는 공급량이 모자라 포도주를 사서 공급해야 했다. 때문에, 리옹 같은 도시에서는 론강 변에 주둔한 포병 부대가 론 지방의 포도주 공급을 담당했다. 보르도나 낭트 같은 도시에서는 작은 마을보다 더 먼 거리에서 포도주를 수송해 와야 했다. 보르도에서는 남서 지방에서 생산한 포도주를 가론강과 도르도뉴강을 통해 공급받았고, 낭트에서는 루아르 지방과 알리에 지방의 포도주는 하천을 통해, 푸아투, 랑그도크, 프로방스의 포도주는 육로를 이용해 들여왔다. 보르도와 낭트에서는 이렇게 들여온 포도주를 바다를 이용하여 외국이나 파리에 되팔기도 했다.

파리 일대에도 포도나무와 포도밭은 있었지만, 파리 수도권 지역의 농산물은 곡물이 대부분이었다. 1577년의 칙령으로 수도에서 약 80㎞ 이상 떨어진 곳에서 만든 포도주는 도시로 반입될 수 없었기 때문에 파리 사람들은 파리 분지에서 나는 형편없는 포도주밖에는 마실 수 있는 게 없었다. 오를레앙은 파리로 들어오는 포도주가 모이는 최종 집산지였다. 론과 보졸레, 마콩, 오베르뉴에서 온 포도주는 이곳에 일단 모였다가 육로와 운하를 통해 다시 파리로 옮겨졌다. 부르고뉴 포도주는 수레를 이용해 샤블리까지 온 뒤 욘에서 운하를 타고 파리로 올라갔다. 값비싼 뮈스카 포도주는 세트에서 배에 실려 센강의 얕은 물길을 타고 파리로 갔다. 세금이 몹시 무거웠음에도 활발한 교역 덕분에 포도주 운송업은 오랫동안 번영을 구가했으며 운송업자들 간의 치열한 경쟁이 벌어지기도 했다.[23]

내륙 지역인 프랑스 부르고뉴 지방은 보르도 항구처럼 위치상 외부로 통하는 강이나 편리한 해운 시설이 없었다. 그래서 부르고뉴인들은 포도주의 가격이 운송비보다 훨씬 비싸게 매겨질 수 있도록 포도주의 질을 높이는 데에 총력을 기울였다. 또 부르고뉴 공작들은 부르고뉴의 포도주 비

╰ ╰ ╰ ╰ ╰ ╰ ╰ ╰ ╰ ╰ ╰ ╰ ╰ ╰ ╰ ╰ ╰ ╰

포도주를 운송한 두 가지 방법

포도주 소비 시장과 가까운 곳에서 포도주를 양조하면 포도주를 운송하는 데에 교통의 영향을 덜 받지만, 시장으로부터 거리가 멀어지면 포도주가 상하는 등 상품성이 떨어지는 것을 막을 수 없다. 따라서 교통로와 교통수단의 이용으로 이 문제를 해결할 수 없는 먼 시장에 포도주를 판매하기 위해서는 운송 도중 포도주가 상하지 않도록 하는 방법이 중요했다. 앞에서 언급했던 마데이라 포도주가 좋은 사례이다. 이 포도주는 기존 포도주에 알코올 함량을 증가시킨 것인데 오랜 시간이 걸리는 장거리 무역에 적합한 포도주가 되었다. 알코올 함량이 높으면 발효과정을 중단시키기 때문이다.

무거운 제품의 선적 또는 특히 손상되기 쉬운 제품의 선적은 전통적으로 어려웠다. 초기의 열악한 육상교통로는 문제를 더 악화시킬 뿐이었다. 그래서 물을 기반으로 하는 운송이 포도주 선적의 최상의 수단이 되었고, 19세기 후반까지 계속되었다. 물을 기반으로 하는 운송은 여전히 자동차와 같이 부피가 크고 무게가 많이 나가는 제품 운송에 있어 가장 효율적인 수단이었다. 물을 기반으로 하는 운송의 중요성은 경제적으로 운하 건설을 촉진하는 매개체가 되었다. 운하는 부피가 크고 무거운 제품과 깨지기 쉬운 제품을 안전하고 유연하게 선적할 수 있게 해 주었다.[24]

법이 외부에 알려지지 않도록 금지령을 여러 번 공표했다.

그러다 13세기부터 도로 사정이 점차 개선되어 파리와의 포도주 무역이 문전성시를 이루었고, 유럽의 커다란 항구들을 중심으로 국제무역이 활성화되었다. 처음에 포도주 무역상은 단순한 중개상에 불과했다. 무역이 점차 체계를 갖추어 감에 따라, 본 지방과 뉘생조르주 지방을 비롯한 여러 곳에 무역소가 설치되었다.

19세기에 부르고뉴 포도주가 발전을 거듭할 수 있었던 근본적인 이유는 운송시설의 발달과 자유무역주의 덕분이었다. 1832년 부르고뉴 운하가 개통되고, 1851년 수도 파리와 부르고뉴의 중심도시 디종을 잇는 철도가 개설되었다. 이어 제2제정(1852~1870) 당시 나폴레옹 3세가 독일, 벨기에, 네덜란드, 영국과 자유 통상 조약을 체결했다. 또 본 지방에서의 공개적인 포도 경매는 부르고뉴 포도주의 위상을 높이는 데 일익을 담당했다.[25]

운하든 강이든 간에 항해 가능한 수로의 존재는 포도주 지역을 국내 및 국제적으로 유명하게 만들었다. 프랑스 보르도만큼 지리적 위치의 혜택을 받은 지역도 없다. 포도주와 관련하여 지리를 생각할 때 일반적으로 장소를 정의하는 토양 및 기후로 요약되는 테루아에 대한 언급이 많다. 그러나 보르도의 지리적 이점은 그보다 더 현실적이었다. 이 도시는 도르도뉴강과 가론강이 대서양과 만나는 하구에 있다. 그래서 2000년 전 로마인들은 이곳을 유럽에서 영국으로 가는 무역로의 거점 항구로 삼았었다.

17세기가 되면서 보르도에는 새로운 상인들이 포도주를 사러 왔는데 네덜란드 상인, 한자동맹의 도시에서 온 상인, 프랑스 북서부 브르타뉴에서 온 상인들이다. 이때를 기점으로 보르도는 세계와 무역하는 도시로 발돋움한다. 이런 열기는 18세기에 이르러 더 확장돼 서인도 제도의 앤틸리스 열도나 도미니카공화국의 산토도밍고에서도 상인들이 찾아왔다. 프랑스 혁명이 있기 전까지 보르도가 최대의 영예를 누리는 시기였다. 당시 영국에서는 보르도에서 생산하는 포도주의 단지 10% 정도만 수입했지만, 고급 포도주에서는 사정이 좀 달랐다. 런던의 사교계에서는 포도주에 열광하는 귀족들이 많아 고급 포도주에 대한 수요가 넘쳐 났다.[26]

　1864년에 제작된 프랑스 포도주 수출에 대한 샤를 조셉 미나르(Charles Joseph Minard)의 지도는 현대 포도주 무역의 초기 시기를 잘 보여 준다. 수출 지역은 대서양을 통해 운송한 남아메리카를 위시한 아메리카 전역과 프랑스 북쪽의 영국과 독일 및 네덜란드 등지였으며, 지중해를 통한 수출 지역은 이탈리아, 알제리를 포함한 아프리카, 그리고 멀리 중국, 인도, 오스트레일리아였다. 프랑스의 포도주 수출 지역은 글로벌했다.

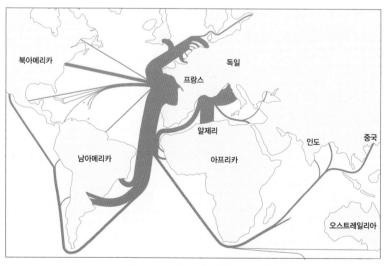

프랑스의 포도주 수출 지역(1864년)

마침내 19세기와 20세기 초에 나타난 철도망의 성장은 접근하기 어려웠던 많은 지역을 개방시켰다. 철도는 프랑스의 랑그도크, 스페인의 리오하, 이탈리아의 키안티, 아르헨티나의 멘도사 등 친숙한 지역들의 수출 성장을 촉진했다. 포도주가 표준 참나무통에 담겨 열차로 운반이 가능해졌기 때문이다. 상인들은 종종 수천 갤런의 포도주를 운반할 수 있는 바퀴 달린 거대한 나무통인 '탱크 카(tank car)'를 만들거나 빌렸다.

4) 독일

중세 독일에서 포도주 무역의 중심지는 라인강 변에 자리 잡은 쾰른이었다. 쾰른은 지리적인 위치와 시장개시권(Stapelrecht)을 통해 중심지로 부상했다. 먼저 쾰른은 북부 유럽 지역과의 포도주 거래에 매우 좋은 입지 조건을 갖춘 지역이다. 쾰른을 기점으로 라인강 하류는 수심이 낮아 네덜란드의 뚱뚱한 포도주 운송선은 여기에서부터 배가 강바닥에 닿았다. 이 때문에 북부 유럽 지역으로 수출되는 포도주는 거의 예외 없이 쾰른에서 다른 배에 옮겨 실어야만 했다.

쾰른이 포도주 유통의 중심지로 부상한 또 다른 이유는 시장개시권에 있었다. 시장개시권이란 해당 도시에 거주하는 모든 사람에게 일정 기간 도시를 통과하는 외부의 모든 화물에 대해 구매를 보장해 주는 권리를 말한다. 시장개시권이 보장하는 기간은 보통 3일 정도였는데, 이 기간에 외부 상인들은 통과하고자 하는 도시의 시장에 의무적으로 자신의 물건을 전시하고, 해당 시민이 요구하면 판매해야 했다. 또 외부 상인들은 물건을 옮겨 싣기 위해 도시 소유의 시설을 의무적으로 사용할 수밖에 없었는데, 비용은 저렴하지 않았다. 쾰른은 시장개시권을 이용해 도시 생활에 필요한 물자를 싼값에 공급할 수 있었을 뿐만 아니라 시장에 물건이 항상 공급되게 함으로써 경제를 성장시킬 수 있었다.

포도주 유통의 중심지인 쾰른에서는 포도주가 그다지 많이 생산되지 않았고, 도시 인근 지역에서 주로 생산되었다. 인근 지역 사람들은 쾰른이 가진 시장개시권과 자금력, 운송 수단의 독점 때문에 그들이 양조한 포도주를 직접 네덜란드 상인들에게 판매할 수 없었고, 필수적으로 쾰른의 중간상인을 거쳐야만 했다.[27]

16세기에 독일 남부에서 생산된 포도주는 마인강, 라인강을 이용하여 북서쪽의 벨기에, 네덜란드, 영국으로 수출되었다. 라인강에서 교통의 요지에 있었던 영주들은 성 사이에 쇠사슬을 걸어 라인강 통행세를 징수했다. 상인들은 포도주 생산지역에서 수백 척의 배가 영국 런던이나 한자동맹(Hansa)에 속한 도시로 항해할 때 하천을 주요 운송로로 이용했다. 포도주로 가득 찬 참나무통은 무겁고 거추장스러워서 대개 배로 옮기는 것이 유일한 답이었다.

5) 유럽의 포도주 무역

다음 지도에 나타난 중세 1300년경 유럽의 포도주 무역로를 보면, 포도주는 이탈리아, 그리스, 지중해 동부 연안에서 오스트리아, 체코, 폴란드 등 내륙 지방으로 이동했고, 포르투갈, 스페인, 프랑스, 독일에서 영국과 북해 및 발트해의 한자동맹으로 수출되었음을 알 수 있다. 주요 교통로는 뱃길이었다.

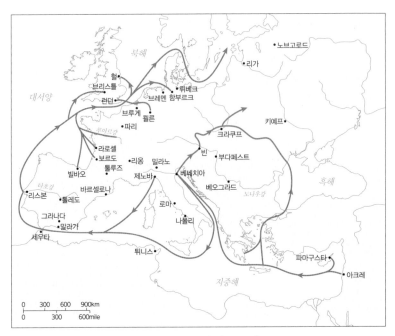

주요 포도주 무역로(1300년)

　포도주의 본고장 유럽의 아메리카 발견은 포도주의 새 시장을 열게 했다. 포도주 무역이 활성화되고 무역 지역이 크게 넓어졌기 때문이다. 마젤란은 세계 일주 항해를 떠나면서 헤레스 포도주 253통을 구매했다. 그렇게 마젤란은 신대륙에 스페인산 포도주를 처음으로 선보였다. 이것은 전 세계에 스페인산 포도주가 최초로 모습을 드러낸 사건이었다. 이후 신대륙 무역에서 포도주는 아메리카와 무역을 하는 화물선 선적물의 1/3을 차지했다.[28]

　2017년 한 해 동안 유럽 연합(EU)에서 포도주를 가장 많이 생산한 국가는 스페인이고, 가장 많이 수출한 나라는 프랑스다. 유럽 연합에서 생산된 포도주는 모두 146억 ℓ로, 스페인을 필두로 이탈리아, 프랑스, 포르투

14~15세기 베네치아 상인들의 영국의 포도주 틈새시장 공략법

베네치아는 중세 말기에 유럽 경제를 주도하는 최고의 무역 도시였다. 그러나 포도주 무역에서만큼은 보르도를 따라갈 수 없었다. 보르도는 유럽 최대 포도주 시장이었던 영국에서 왕과 귀족 같은 고급 소비자들의 입맛을 사로잡으며 확고한 입지를 구축하고 있었다. 비슷하게 지중해도 보르도 못지않은 포도주 생산지였다. 지중해의 강렬한 태양에다 포도 수확을 늦추거나 포도를 반건조시켜 만드는 양조 비법으로 달고 도수가 높은 포도주를 생산하고 있었다. 그러나 문제는 영국까지의 거리가 보르도보다 먼 거리여서 운송비가 비쌌다는 데 있었다. 보르도에서 영국까지는 일주일이 걸렸지만, 베네치아에서는 최소 한 달, 최대 여섯 달이 걸렸기 때문이다.

그래서 베네치아 상인들은 보르도 포도주의 약점을 공략하기로 했다. 보르도 상인들은 보통 10월에 새 포도주를 영국에 수출했다. 그런데 중세의 보르도 포도주는 오래 보관할 수 없었다. 새 포도주가 겨울을 무사히 넘기고 다음 해 봄까지는 괜찮았으나 여름이 되면 맛이 변하였고, 7, 8월이 되면 더는 마시기 힘든 상태가 되었다. 베네치아 상인들은 보르도 포도주 맛이 떨어지는 바로 이 시기의 영국 시장을 노렸다. 지중해 포도주는 도수가 높아 오랫동안 보관할 수 있어 상대적으로 유리했다. 또 베네치아는 당시 유럽에서 가장 큰 상선을 가동하고 있었기에 부피가 큰 포도주 통을 운송하는 데도 무리가 없었다.[29]

갈, 독일, 헝가리 순으로 생산량이 많았다.

포도주 수출액은 219억 유로(약 28조 4700억 원)를 기록했고, 이 가운데 역외 수출이 113억 유로(약 14조 6900억 원)로 전체 수출의 절반을 약간(51.6%) 넘겼다. 역외로 수출된 유럽 연합 포도주의 가장 큰 시장은 미국으로 전체 역외 수출의 1/3에 육박(32%)했고, 중국(10%), 스위스(9%), 캐나다(8%), 일본(7%), 홍콩(7%) 등의 순이었다.

포도주를 가장 많이 수출한 나라는 프랑스로, 수출액 91억 유로는 유럽 연합 전체 수출액의 41%였다. 이탈리아(60억 유로, 27%)와 스페인(29

억 유로, 13%)이 뒤이어 2, 3위에 올랐다. 유럽 연합 28개 회원국이 수입한 포도주는 모두 129억 유로(16조7700억 원)로 이 가운데 20%만 유럽 연합 역외에서 수입된 것이다. 유럽 연합 역외에서 수입된 포도주 가운데는 칠레산이 가장 많았고(역외 수입의 22%), 호주(17%), 미국(16%), 뉴질랜드(14%), 남아프리카공화국(14%) 등이다. 유럽 연합 회원국 가운데 2017년에 포도주를 가장 많이 수입한 나라는 영국(35억 유로, 27%)이고, 독일(26억 유로, 20%)이 그 뒤를 이었다.[30]

· 여섯 번째 보따리 ·

포도가 아프다

1. 포도가 앓는 질병들

다른 과일과 마찬가지로 포도도 자연재해로부터 안전하지 못했다. 그중에서도 우박과 냉해는 포도 재배 농가들이 가장 무서워하는 자연재해였다. 이 외에도 포도나무에 해를 끼치는 또 다른 것이 있었으니 바로 병충해였다.

프랑스의 경우, 19세기에 들어서자 전염병과 해충들이 포도나무에 치명적인 새로운 적들로 등장했다. 1827년에는 명충나방이 등장하여 포도나무에 큰 피해가 발생했다. 명충나방은 추운 겨울 덩굴 가지에 뜨거운 물을 부어 겨우 박멸할 수 있었다. 1845년에는 오이듐균이 창궐했는데 1857년이 돼서야 유황을 이용해 소독하는 방법으로 겨우 균을 물리칠 수 있었다.

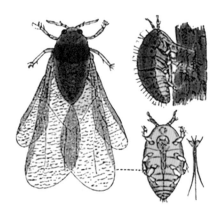

필록세라 진딧물과 이에 감염된 포도나무 잎의
모습

　1864년에는 필록세라(phylloxera, 포도나무 뿌리 진디) 주의보가 내려
졌다. 진딧물의 애벌레는 미국에서 수입한 포도나무 가지에 붙어 유럽에
퍼졌다. 몇 년 사이에 200만 ha에 달하는 포도밭이 필록세라로 인해 황폐
화됐다. 이로 인해 보르도의 포도 재배는 1879년부터 1892년 사이에 심
각한 위기에 봉착했다. 사람들은 오랜 연구와 노력 끝에 1893년에 이르
러서야 이 벌레를 물리치는 방법을 발견할 수 있었는데, 유럽 품종에 진
디에 대한 적응력이 강한 미국산 포도나무를 접붙이는 방법이었다.

　1878년경에는 미국에서 수입한 접붙이기용 나뭇가지에 노균병균이 대
량으로 묻어 들어왔다. 치료 약으로 '보르도액(보르도의 걸쭉한 죽)'이라
불린 구리 성분에 석회를 첨가한 약을 사용했다.

　잇따른 재앙은 포도 재배의 한계를 드러냈으며 포도 재배 농업의 변화
를 초래했다. 포도 벌레, 포도나무 구루병, 황금색 마름병 등 수많은 병
이 포도나무를 끝없이 위협하고 있다. 이뿐만 아니라 농약의 남용도 새로

운 위협으로 등장하고 있다. 그래서 오늘날 포도주 양조업자들은 자연의 균형을 최대한 유지하면서 좀 더 '장기적으로 병충해에 대응하는' 방법을 찾는 중이다. 그러나 무엇보다도 재배 농가들은 지금의 포도나무가 가진 면역성을 무너뜨리는 새로운 종류의 필록세라가 또다시 재앙을 몰고 올지 몰라 두려워하고 있다. 그러나 모든 병균이 다 재앙만을 가져오는 것은 아니다. 보트리티스 시네레아 균에 감염된 포도송이는 '노블(noble)'이라는 포도알을 만들어 소테른이나 트로켄베렌아우스레제 같은 고급 리큐르 포도주의 원료로 쓰인다.[1]

2. 포도 질병의 감염 경로

질병은 어디서 발생하고, 어떻게 이동하는가? 두 가지로 나눌 수 있는데 한 가지는 특정 환경과 관련된 질병으로, 이른바 장소에 한정된 '풍토성(endemic)' 질병이라고 한다. 다른 한 가지로는 자유롭게 이동하는 경로를 가진 '전염성(epidemic)' 질병이 있다.

포도나무와 질병의 문제는 모든 포도주 생산지역이 환경적으로 상당히 유사하다는 점에 있다. 환경적으로 국지적인 다양성이 있을 수 있지만, 대부분의 포도주 생산지역은 아주 많은 공통점을 갖고 있다. 이는 어떤 포도주 지역에서 생존할 수 있는 질병의 매개체는 다른 포도주 지역에서도 생존할 수 있다는 것이다. 다시 말해 한 포도주 생산지역에서 발생한 특유한 질병은 다른 모든 생산 지역에서도 풍토병이 될 가능성이 있다는 것이다.

포도나무가 번식하는 과정에서 질병이 확산하기도 한다. 다른 작물과는 달리 포도는 일반적으로 씨앗을 심어 번식하지 않는다. 그렇게 할 수도 있지만 대개 무성 증식을 통해 번식한다. 무성 증식이란 포도나무 묘목으로부터 얻은 꺾꽂이 순을 기존의 바탕나무(밑그루)에 접목하는 방식을 말한다. 이 방식은 번식 과정을 보다 가속하고, 양조업자에게 많은 유연성을 제공하며, 포도 속에 있는 씨가 분쇄 과정에서 잃어버릴 수 있는 점을 보완해 준다. 이때 문제는 조심하지 않으면 꺾꽂이 순과 바탕나무가 질병을 운반할 수 있다는 점이다. 결국, 우리가 질병의 매개체가 되는 것이다.

균류는 질병이 아닐 수도 있지만 질병과 유사하다. 흰가루병(powdery mildew)이라는 균류는 매개자에 의해서가 아니라 직접 전염된다. 1800년대 초 이 균류는 세계적으로 수많은 포도밭을 통해 전염병처럼 확산됐다. 흰가루병은 유럽에서 오는 유럽종(vinifera) 포도에 극단적인 영향을 미치는 경향이 있으며, 북아메리카에 자생하는 고유 품종의 포도에는 영향을 덜 미친다. 잿빛곰팡이병(fungus botrytis)은 흰가루병과 달리 숙주를 죽이지 않고 과일에만 영향을 준다. 그러나 이 병은 어느 정도까지만 과일의 화학적 성질을 변화시키고 습기를 약간 없애 줄 뿐이다.

포도가 익을 무렵 포도 껍질에 발생하는 곰팡이인 귀부병(貴腐病, noble rot)은 앞에서 언급한 것처럼, 포도주의 맛과 외형에 긍정적인 영향을 주는 병이다. 역설적으로 병에 걸린 포도가 오히려 좋은 포도주가 되는 경우이다. 이 병에 걸린 포도를 사용하여 생산한 포도주는 단맛이 나므로 귀부병은 고품질의 달콤한 포도주를 만드는 데 도움을 준다. 프랑스의 소테른 포도주, 헝가리의 토카이 포도주, 독일 트로켄베렌아우스레

제 포도주 등이 있으며, 소테른의 샤토 디켐은 최고급 귀부 포도주로 손꼽힌다.[2]

3. 최악의 질병, 필록세라

역사적으로 포도나무에 생긴 최악의 병은 단연코 필록세라다. 필록세라와 포도나무와의 관계는 페스트와 17세기 유럽인의 관계와 같다. 이 해충으로 인한 피해는 재난이었다. 필록세라는 포도나무 뿌리에서 진액을 빨아들여 포도나무를 서서히 죽이는 아주 작고 노란 진딧물이다. 토양 속에 살아서 토양 속 조건에 매우 민감한 해충이다. 1800년대까지 고립된 지역에는 필록세라가 전파되지 않았다. 대서양을 건너는 증기선의 속도가 빨라지면서 필록세라는 배에서 죽지 않고 살아남아 바탕나무로 옮겨갔다. 이로 인해 전 유럽의 포도밭이 피해를 봤다. 거의 모든 포도나무가 죽었고 극소수만이 살아남았다. 원인을 알 수 없었던 질병은 남아프리카, 오스트레일리아, 뉴질랜드로 퍼졌다. 새로운 포도나무 뿌리 진딧물을 예방하기 위해 프랑스 포도밭은 화학약품을 사용하거나 물을 뿌리고 배수를 더 철저히 하는 등 모든 방법을 동원했다. 프랑스 정부는 1873년에 이 병을 고칠 수 있는 사람에게 3만 프랑을 상금으로 내걸 정도로 간절했으나 이 상금을 가져간 사람은 없었다고 한다. 40년간 참사가 지속된 후에야 마침내 발견한 해결책은 진딧물에 저항력이 있는 미국산 포도나무와 접목하는 방법이었다. 결과적으로 필록세라는 1800년대 중반과 후반에 포도주 생산을 파괴했을 뿐 아니라, 오늘날까지 영향을 미친 세계적인 병

이었다.[3]

　그런데도 세계를 강타한 필록세라 병충해로부터 안전한 지역이 있었다. 바로 칠레였다. 칠레는 국토가 동쪽의 안데스산맥, 북쪽의 아타카마 사막, 서쪽의 태평양, 남쪽의 남극 등으로 인해 사방이 지리적으로 고립되어 있다.[4] 유럽과 북아메리카의 포도밭과 거리가 멀고 지리적으로 고립되어 있는 칠레는 다행스럽게도 포도밭의 생물학적 위협을 피해 갈 수 있었다. 결국 필록세라는 칠레에 도달하지 못했다. 심지어 흰가루병 또한 도달하지 못했다.[5]

포도야, 넌 누구니

• 일곱 번째 보따리 •

포도는 말한다

포도로 빚은 포도주는 인간 생활에 이로움을 주기도 하고 해로움도 주는 양면성을 특성으로 한다. 중립적인 입장에서 포도주에 대한 가치판단을 내리기란 거의 불가능하다. 포도주가 자연의 산물인지, 인간의 작품인지를 놓고 벌이는 열띤 논쟁에서도 알 수 있듯이 포도주의 역사는 모순의 역사라고 할 수 있다. 가난한 부랑자도 부유한 권력층도 포도주를 마신다. 포도주 중에는 몇 푼 안 될 만큼 싼 것도 있고 웬만한 사람이 아니면 꿈도 꾸지 못할 만큼 비싼 것도 있다. 포도주는 신이 내린 선물인 동시에 사탄의 유혹이다. 예절과 교양의 상징인가 하면 사회 질서를 위협하는 병폐이기도 하다. 건강에 도움이 되기도 하지만 해로울 때도 있다. 이처럼 포도주는 복잡 미묘하다. 포도와 포도주가 말하는 다양한 자연 및 인문 현상들을 만나보자.

1. 포도나무가 기후 변화를 알린다

오늘날 세상에 가해지는 가장 큰 위협 중 하나는 기후 변화이다. 21세기에 들어와 기후는 인류가 예측할 수 없는 모습으로 변화하고 있다. 지구온난화가 대표적이며, 이는 포도의 맛을 변화시키고 있다.

미국의 항공 우주국(NASA)과 하버드대학 공동 연구팀이 1600년에서 2007년까지의 포도 수확 시기에 대한 자료를 수집하고 그 자료를 분석했다. 그 결과 20세기 중반에 들어 포도 수확이 일찍 시작됐다는 사실을 발견했다. 포도 수확 시기가 당겨진 것은 기후와 수확 시기의 연결 고리에 변화가 생겼다는 것을 의미한다. 1600년에서 1980년까지도 때 이른 포도 수확 시기가 있긴 있었지만, 이때는 봄과 여름 동안 더 따뜻하고 더 건조한 기후가 나타났기 때문이었다. 그러나 1981년에서 2007년까지는 지구온난화가 기후 변화를 불러왔고 이 때문에 가뭄이 없이도 이른 수확기가 찾아온 것이다. 포도의 수확 시기와 포도주의 질을 결정하는 가장 큰 요인인 가뭄과 수분의 역할에 근본적 변화가 생겼다. 포도의 맛을 결정하는 요인 중 하나인 가뭄이 기후 변화로 거의 사라져 포도 수확에 큰 영향을 끼치고 있다.[1]

프랑스 포도주 농장들은 다른 포도주 생산 경쟁국의 등장보다 기후 변화를 더 두려워하고 있다. 양조용 포도는 기온이 조금이라도 바뀌면 당도와 산도에 즉각적인 영향을 받으므로 재배하기가 까다로워지기 때문이다. 실제로 피노누아, 샤도네이 등 고급 포도주 산지인 프랑스 중부 부르고뉴 지방은 남부 론 지방만큼 온화한 날씨가 되었고, 보르도 지방은 스페인 바르셀로나만큼 따뜻해졌다. 다른 포도주 생산국 역시 어려움을 겪고 있다. 스페인은 포도밭을 높은 곳으로 옮겨 기후 변화에 대처하고 있으며, 독일은 주력 품종인 백포도주 대신 더운 날씨에 비교적 잘 견디는 적포도주로 품종을 바꾸고 있다.

기후 변화 덕에 쾌재를 부르는 곳도 있다. 대표적인 나라가 영국이다. 질 좋은 브랜디를 생산하던 남부 스코틀랜드 지역에 속속 포도주 농장이 생겨나고 있다. 덴마크도 2003~2004년부터 정부 차원에서 포도주 산업을 육성하여 질 좋은 포도주를 양조하고 있다.[2]

상대적으로 기후가 온화했던 중세 온난기에 유럽 전역에서 포도 재배가 행해진 흔적이 발견되었다. 예컨대 노르웨이 오슬로의 어느 피오르 비탈에서는 리슬링 포도를 재배한 흔적이 발견됐는데, 오늘날의 기후였다면 상상도 하기 힘든 일이다.[3] 이처럼 포도 재배지역의 분포 변화는 기후 변화를 웅변하고 있다.

다음 그래프는 카베르네 소비뇽 포도를 재배하는 세계적으로 유명한 포도 재배지인 프랑스 보르도(Bordeaux), 캘리포니아 나파 밸리(Napa Valley), 오스트레일리아 바로사 밸리(Barossa Valley), 오스트레일리아 쿠나와라(Coonawarra) 등 네 지역의 월평균 기온의 변화를 나타낸 것이다. 기본적으로 네 곳의 재배지는 지중해성 기후(나파 밸리, 바로사 밸리)와 서안 해양성 기후(보르도, 쿠나와라)인 포도 재배에 적합한 기후 지역에 있다. 쿠나와라의 9월과 10월을 제외한 나머지 달과 보르도, 나파 밸리, 바로사 밸리 등 세 곳의 월평균 기온은 모두 상승했다.

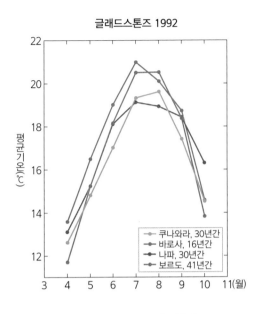

글래드스톤즈 1992

범례:
- 쿠나와라, 30년간
- 바로사, 16년간
- 나파, 30년간
- 보르도, 41년간

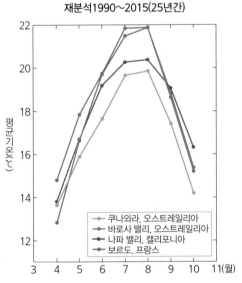

재분석1990~2015(25년간)

범례:
- 쿠나와라, 오스트레일리아
- 바로사 밸리, 오스트레일리아
- 나파 밸리, 캘리포니아
- 보르도, 프랑스

카베르네 소비뇽 재배로 유명한 포도 재배지 4곳의 월평균 기온[4]

위: Gladstones book(1992)에서 가져온 자료, 아래: 가능한 경우 같은 장소의 자료 또는 지난 25년 동안 가까운 장소의 자료(1991~2015)

포도야, 넌 누구니

2. 포도주는 잔치 주인공이다

『성경』은 1세기 결혼 잔치에서 포도주가 빠져서는 안 되는 필수 음식이었음을 말하고 있다.[5] 잔치 중에 포도주가 떨어지는 일이 발생했을 때는 즉각 포도주를 구해 와야 했다. 잔치 중 최고의 잔치였던 결혼 잔치에서는 포도주가 빠질 수 없었다. 유대인의 속담에 '포도주가 없으면 기쁨도 없다'라고 하는 속담이 있을 만큼 잔칫집에서는 중요한 것이 포도주였다는 말이다. 솔로몬의 지혜서인 『구약성경』 전도서에서는 포도주를 '사람을 기쁘게 하는 상징'으로 표현하고 있다.[6]

포도주는 그것을 마실 때의 행위에서도 잔치의 흥을 찾아볼 수 있다. 토기, 나무, 짐승의 뿔 등 불투명한 잔으로 포도주를 마실 때는 잔을 들어서, 유리잔이 보급되면서부터는 잔을 부딪치면서 흥을 돋우었다. 유리잔이 등장함으로써 포도주 음주 문화에 새로운 미적 요소가 추가된 것이다.

두세 사람이 모여 축배를 들 때 컵을 부딪쳐 쨍강하고 울리는 행위는 옛날 사발의 불투명성에서 유래했다. 원래는 서로 잔을 부딪쳐 소리 내는 것이 아니라, 신에게 드리는 헌납의 의미로 머그잔이나 주발을 높이 치켜드는 일종의 예의를 표하는 의식이었다고 한다. 과거에는 잔의 불투명성으로 인해 상대방이 잔 안에 들어 있는 내용물을 볼 수가 없었다. 그래서 건배할 때 서로의 잔을 들어 올리는 행위를 통해 자신이 진짜로 마신다는 것을 상대방에게 보여 준 것이다. 그러나 이러한 행위는 후일 일종의 기분 풀이로 성행하게 되었다.[7]

포도주는 사회 각계각층에서 일상생활의 일부분이었고 인간관계를 다양하게 맺거나 유지하는 데 동원되는 수단이었다. 포도주는 친목을 다지는 윤활유가 되는가 하면 이를 헤치는 역할도 했다.

한자 '포도(葡萄)'는 『한서(漢書)』에 '포도(葡桃)'로 표기되어 있으며, 포도로 술을 만들 수 있다고 기록하고 있다. 포도(葡萄)는 사람들이 잔치 때 이것을 마시면 취했기 때문에 붙인 이름이다. 즉, 포도의 '포(葡)'는 잔치에서 즐겁게 술을 마신다는 의미의 '포(酺)'가 되고, '도(萄)'는 술을 즐겁게 먹고 취한다는 의미의 '도(醄)'라는 것이다. 따라서 지금 쓰이는 포도의 한자에는 잔치에서 즐겁게 술을 마시고 취한다는 의미가 내포된 것으로 볼 수 있다(『본초강목』).

『당서(唐書)』에 의하면 포도주는 서역에 있는 것으로 간혹 공물로 바쳐졌으며, 고창국(高昌國)[8]을 물리치고 마유 포도(긴 포도)의 열매를 얻어 궁중의 후원에 심고 양조법을 얻었다고 한다. 당나라 시인들은 포도주와 관련된 시를 자주 읊었다.[9]

포도로 빚은 맛있는 술을 옥 잔에 부어 [葡萄美酒夜光杯]
마시려는 순간 비파를 말 위에서 연주한다 [欲飮琵琶馬上催]
술에 취해 사막에 쓰러져도 웃지 말게나 [醉臥沙場君莫笑]
옛날부터 전쟁터에 나갔다 돌아온 이가 몇인가 [古來征戰幾人回]
– 왕한(王翰, 687?~726?), 「양주사(凉州詞)」

3. 포도주로써 신분을 구별했다

고대의 포도주는 찬미의 대상이며 신성한 의식용 술이었다. 또 포도주

포도야, 넌 누구니

는 생산량이 수요량을 따라가지 못해 구하기가 쉽지 않았고, 가격이 아주 비싼 사치품이었다. 그래서 질 좋은 최상급 포도주를 마신다는 것은 곧 부유층과 권력층 등 소수 엘리트 계급의 특권을 의미했다. 메소포타미아와 이집트의 특권층은 포도주를 마실 수 있었으나 서민들은 포도주가 아닌 맥주를 마시고 생활했다. 이보다는 포도주가 대중화되었던 그리스와 로마에서조차 신분에 따라서 마시는 포도주의 질과 가격, 그뿐만 아니라 술자리와 음주 방법도 서로 달랐다고 한다. 이런 포도주 관련 신분적 불평등 현상은 고대, 중세, 근대 18세기 초까지도 계속 이어졌으며, 법 앞의 평등을 주장했던 프랑스 혁명 이후에도 사라지지 않았다.[10]

포도주를 마시는 일이 고위층에게 주어진 일종의 계급적인 특권을 의미했기에 소시민이나 노동계급이 포도주를 마신다는 것은 일종의 신분 상승을 의미했다. "만일 너 자신이 누구인지 잘 모른다면 네가 무엇을 먹

카라바조가 그린 「바쿠스」(1598)

는지 말해 다오. 그러면 내가 너의 정체를 말해 주겠다." 이같이 과거에는 인간이 먹는 기본적인 음식물에서 사회적인 위계질서가 극명하게 드러났다.[11]

포도주는 남성 중심적 사회의 상징이었다. 고대 로마 제국의 경우 포도주는 전적으로 남성의 음료였다. 조금이나마 여성에게 포도주를 허용했던 그리스 사회와는 달리 로마의 남성 중심적 사회는 포도주 잔에 코를 대는 것조차 엄격히 금지했다. 심지어 그 시대의 입맞춤도 부인의 포도주 음주 여부를 확인하기 위한 남편의 권리에서 시작되었다고 한다. 나아가 포도주를 마신 부인을 내쫓기까지 했다. 그러나 그리스의 영향으로 제국의 풍속이 느슨해지면서 로마의 여성은 과도하게 익은 포도주만을 마실 수 있었으나 바쿠스(Bacchus)[12]의 기쁨을 누릴 수 있었다. 하지만 이런 제약마저 시간이 지남에 따라 흐릿해지면서 제국 말기에는 남성과 경쟁할 정도로 포도주의 온갖 향연을 즐기게 되었다.[13]

프랑스에서는 갈로로마 시대부터 프랑스 혁명기에 이르기까지 최상급의 훌륭한 포도밭을 소유한 상류 귀족층은 민중의 포도 재배를 엄격히 금지하는 법령을 계속 적용했다. 일례로 구제도(ancien régime) 말기에 재무 총감이었던 튀르고(Turgot)는 원래 밀 경작지였던 땅을 신종 포도밭으로 바꾼 가난한 농민 부부를 가차 없이 사형에 처했다고 한다. 귀족층의 질 좋은 포도 재배와 서민층의 질이 훨씬 떨어지는 포도 재배 간의 격차는 구제도 당시에 다사다난했던 정치 사건과 더불어 반영구적인 사회적 신분 갈등을 여실히 반영하고 있었다.

일찍이 로마인은 동양적인 관습에 따라 연회 때 참석자의 신분 등급에 맞춰 좌석, 요리와 술을 배치했다. 고위층은 최상급 포도주, 평상적인 친

포도야, 넌 누구니

구들은 두 번째 등급의 포도주, 최하위층의 참석자는 그냥 보통 포도주를 마셨다. 이 제도는 구제도 말기까지 이어졌다.[14]

1744년에 보르도의 부지사가 남긴 기록에 따르면, 보르도 땅의 절반 이상이 포도밭이었고 소유주의 90%가 귀족과 부유한 부르주아였다. 울며 겨자 먹기로 땅을 넘기는 농부들이 많아지면서 이 비율은 더욱 높아졌다. 세금을 내지 않고 포도주를 반입할 수 있는 사람은 보르도에 거주하는 귀족에 한정되었기에 농부들은 자작농이든 소작농이든 간에 언제나 불리했다. 그들은 귀족들과 똑같은 포도주를 판매하더라도 세금 때문에 가격을 높게 매길 수밖에 없었다. 보르도 귀족들은 대부분 포도밭 임대료를 포도주로 받았다.

1755년에는 68명의 귀족 행정관들이 임대료의 73%를 포도주로 챙겼다. 포도주의 품질만 보장이 되면 소규모 땅에서도 많은 수입을 올릴 수가 있었다. 물론 포도밭 관리에는 비용이 들었다. 귀족 지주들은 대부분 소작인을 두고 일당을 주거나 관리하는 포도밭 1ac당 얼마씩 주는 식으로 계산하여 연봉을 지급했다. 하지만 이들의 임금은 열악했고 1750년에서 1772년 사이 물가가 꾸준히 올랐음에도 불구하고 이들의 임금은 달라지지 않았다.

포도 재배가 불가능한 유럽의 여러 지역과 마찬가지로 미국에서도 포도주는 부유층의 전유물이었다. 신생국인 미국의 사회 분위기는 최고 권력층이 주도했는데 워싱턴, 프랭클린, 제퍼슨은 모두 포도 재배 산업에 관심이 많았다.[15] 미국의 독립 전쟁은 포도주에 직접적인 영향을 미쳤다. 영국을 비롯한 유럽 각지에서 관행처럼 굳어진 향응이 미국에도 번지기 시작했다. 미국의 정치인들은 부유한 유권자들에게만 포도주를 대접했

고 가난한 계층에게는 미국에서 만든 사과주나 증류주를 대접하며 애국심을 표현했다.[16]

4. 포도밭은 프랑스 혁명에서도 살아남았다

프랑스 혁명 기간에 프랑스 농업은 전반적으로 침체했지만 포도 농사만큼은 예외였다. 오히려 포도 재배지가 지방 곳곳으로 많이 늘어났다. 자료에 따르면 1788년에서 1808년 사이 포도밭의 증가율은 6%에 불과했지만, 이것은 실제보다 지나치게 낮게 잡은 통계수치다. 전국적으로 생산된 포도주의 양은 혁명 직전 한 해 평균 27억 2000만 ℓ에서 1805년에서 1812년 사이에는 36억 8000만 ℓ로 증가했다. 포도밭의 면적에 비해 포도주 생산량이 큰 폭으로 늘어난 것을 보면 수확량이 증가했음을 알 수 있다.[17]

랑그도크 코르비에르 지방의 포도주 생산은 수입 포도주를 대체할 정도로 10년 동안 꾸준히 늘어났다. 로마 제국 지배 당시에 갈리아 최초로 포도 재배를 시작한 이 지방의 인근 나르본의 관리는 '1792년 혁명 이전에는 아무도 돌보지 않던 황무지가 지금은 대부분 포도밭으로 변했다.'라는 보고서를 올렸다. 혁명 이후에 조사한 자료에 의하면 1788년 101㎢에 불과했던 나르본의 포도밭은 1812년 158㎢로 50%가 넘게 증가했다.

그럼 무엇 때문에 프랑스 혁명 이후로 포도밭이 늘어나게 됐을까? 우선 혁명 이후에 농경지 활용에 따르는 여러 가지 제재가 사라졌기 때문이다. 혁명 이전에 프랑스 정부는 주요 곡물의 공급 부족을 염려한 나머지 포도밭의 확장을 억제했다. 여기에 영주와 교회마저 소작료와 십일조를 곡물로 받았기 때문에 농부들은 울며 겨자 먹기로 곡물 농사를 짓는 수밖에 없었다.

한편으로는 포도 재배를 하는 농부들이 여러 가지 세금으로 수입에 심각한 타격을 받고 있었다. 교회에서 걷는 십일조가 지방에 따라 최소 3%, 최대 10%였다. 그리고 대부분의 지방에서 농부는 압착기를 소유할 수 없었기에 영주의 압착기를 임차해 비싼 사용료를 지급해야만 했다. 사용료 역시 지방에 따라 달랐지만 적게는 수확량의 5%, 많게는 30%였다. 상황이 이렇다 보니 영주의 압착기를 빌려 쓰자니 사용료가 부담스러웠다. 게다가 불편했고 최악의 상황이 닥칠 가능성도 농후했다. 즉 포도의 숙성도가 최고조에 달하는 시기에는 영주가 압착기를 독차지했기 때문에 포도가 덜 익거나 썩기 직전에 이르러서야 농부들의 차례가 돌아오곤 했다. 또 농부들은 영주의 포도주가 최고가에 팔린 이후에나 포도주를 시장에 내놓을 수 있었다.

봉건제의 잔재였던 이와 같은 제도들이 혁명 덕분에 사라지자 농부들은 원하는 작물을 선택할 수 있게 되었다. 소규모 경작지에는 포도 농사가 제격이었다. 조건만 잘 맞으면 가장 많은 수익을 올릴 수도 있었다. 포도밭 1ac 정도는 일손을 구하지 않고 농부 혼자 재배가 가능했다.

프랑스 혁명은 포도밭 증가에 영향을 주었을 뿐만 아니라 포도주 소비에도 직·간접적인 영향을 끼쳤다. 내국 관세의 철폐로 포도주는 지역 간의 이동이 자유로워졌고 간접세가 사라진 덕분에 포도주 가격을 낮출 수 있었다. 프랑스 혁명은 포도 재배와 포도주 시장의 확산에 적합한 환경을 조성했다.

5. 포도는 그림의 소재가 되었다

오래전부터 포도주는 그림과 친밀한 공조 관계를 유지했으며 선과 미의 가교였다. 축제가 열릴 때면 빠지지 않고 등장하여 사람의 흥을 돋우는 이 음료는 세상의 많은 예술가로부터 사랑을 받았다. 선한 것은 아무리 아름답게 장식해도 지나치지 않은 법이다. 사람들은 포도주를 황금과 크리스털로 장식된 상자 속에 넣어 소중하게 보관했다. 포도주는 사람들을 한곳에 모이게 하고 이웃의 건강을 기원하게 만드는 힘을 가진 신비한 음료였다. 신의 선물이라 불렸던 이 액체는 사람들의 영혼을 결합하는 묘한 힘도 가지고 있었다.

16세기에 주세페 아르침볼도는 「가을」(1573)이라는 그림에서 포도주의 이미지를 빌려 가을의 문턱에 선 사람을 표현했다. 이 그림에서 포도주와 사람은 모두 꽃피는 청년기를 거치고 나면 향기를 잃어버리고 해골처럼 말라가는 존재로 표현되어 있다. 프란시스코 데 고야는 「포도 수확」(1786)이라는 그림에서 대자연의 선물에 경의를 표하며 포도밭의 정경과 포도를 수확하는 모습을 그림으로 표현했다.

장 프랑수아 밀레는 술통 제조공의 역동적인 모습을 표현했고, 외젠 부댕은 보르도 항구에서 호화롭고 거대한 포도주 통을 하역하고 있는 사람들의 모습을 그렸다. 포도주는 저장고에서 나와 식탁에 차려지고 나서야 비로소 그 비밀스러운 색을 드러낸다. 그래서 정물화에 그려진 영롱한 포도주 빛깔은 사람들에게 깊은 명상을 불러일으키는 소재가 되기도 했다.

17세기 기독교 윤리관이 지배하던 시대의 작품들 속에서 포도주는 덧없는 환희와 일회적인 쾌락을 상징했다. 18세기가 되면서 술에도 지혜와

「가을」(1573)

「포도 수확」(14세기)

균형이란 개념이 부여되었다. 장 바티스트 시메옹 샤르댕의 붓끝에서 포
도주는 조용한 위엄을 획득하고 있으며, 술 마시기의 순수한 즐거움이 그
대로 나타나 있다.

이후의 그림들에서 포도주는 구상과 조형상의 균형을 이루기 위한 사
물로만 등장한다. 폴 세잔의 그림에 등장하는 포도주병은 패에 열중한 두
사람을 심판처럼 조용히 지켜보고 있다. 사람 사이의 대화를 이어 주고
먹고 마시는 즐거움을 더해 주는 술의 본분을 잊은 듯한 모습이 인상에
남는다.[18]

우리나라 조선 시대에는 포도라는 한 가지 소재만으로 명성을 얻은 문
인 화가들을 세기별로 열거할 수 있을 만큼 많았다. 생기 있게 뻗어나가
는 포도덩굴은 왕성한 생명력으로 연속되는 수태(受胎)를 의미하고, 여
러 개의 포도가 모여 이룬 포도송이는 다산(多産)을 의미한다. 포도 그림
을 그릴 때, 포도덩굴을 같이 그리면 덩굴을 의미하는 '만대(蔓帶)'가 자
손이 만대에 걸쳐 이어진다는 의미의 '만대(萬代)'와 음이 같아서 자손이
계속 번성한다는 의미가 된다.[19] 이러한 이유로 포도는 종이, 비단, 도자
기 등에 그리는 그림의 소재로서 꾸준히 인기를 얻었다.

16세기에는 신사임당을 비롯해 많은 문인 화가들이 활동했다. 17세기
초의 대표적인 화가로는 휴당(休堂) 이계호(李繼祜)를 들 수 있는데, 포
도 그림 한 가지로만 유명한 화가라고 한다.

6. 포도는 죽어 종교적 상징으로 부활했다

야생 포도가 자라는 전 세계 수많은 지역 중에서 유독 특정 지방의 사람들만 포도를 재배하고 포도주를 만들기 시작한 이유는 무엇일까? 처음에는 종교적인 이유에서 포도주를 만들기 시작했다가 점차 일상적인 즐거움을 위한 것으로 그 용도가 확장된 건 아닐까? 종교가 포도주 확산에 미친 영향을 지나치게 확대해 해석하면 안 되겠지만, 수많은 서양 문화권에서 포도주가 갖는 종교적 의미가 비슷하다는 측면을 간과해서도 안 될 것이다.

포도주 하면 가장 먼저 떠오르는 이미지는 죽음과 부활이다. 이는 포도나무에서 비롯된 이미지다. 포도나무는 겨울이 되면 잎이 지고 밑동이 말라 죽은 것처럼 보이다가도 봄이 오면 극적으로 되살아난다. 이집트의 매장 풍습을 담은 벽화에서도 포도나무는 부활을 상징하고 있다. 그런데 이와 비슷한 순환과정을 반복하는 수많은 나무 중에서 왜 포도나무에만 특별한 의미가 부여되었는지, 그 정확한 이유는 알 수가 없다. 짐작건대 모태였던 덩굴이 죽더라도 열매는 포도주나 건포도의 형태로 남겨지기 때문일 것이다.

포도주에 독특한 종교적 의미가 부여된 이유가 발효과정 때문이라는 주장은 좀 더 설득력이 있다. 포도즙은 열을 받으면 거품이 생기면서 놀라운 변신을 한다. 맛은 있었지만 평범했던 과즙이 누구를 막론하고 취하게 만드는 액체로 바뀐다. 이 같은 변화는 신비였고 사회적·의학적·종교적 연구와 관심을 불러일으킬 만한 기적이었다.

포도주는 고대의 다양한 종교에서 중요한 몫을 담당했다. 특정 신에게

기도를 드리며 술을 올리는 의식에 포도주가 쓰인 사례가 대표적이다. 포도주는 제사 의식에도 동원되었다. 메소포타미아에서는 포도주가 신에게 바치는 제단의 한 귀퉁이를 장식했고, 이집트에서는 다섯 개 지방의 최고급 포도주를 망자의 시신과 함께 묻었으며, 포도나무를 심는 것은 종교적인 의무였다.

포도주와 포도나무는 수많은 종교에서 주요 상징물로 자리 잡았다. 맥주를 비롯한 기타 술도 상징적인 역할을 했지만 포도주만큼은 아니었다. 유럽에 그리스도교가 뿌리를 내린 이후로 포도주의 경쟁 상대였던 술들은 하나같이 종교계 외곽으로 밀려났다.

포도주는 고대 그리스와 로마 시대 이전의 많은 문화권에서도 종교적으로 중요한 위치를 차지하고 있었지만, 시간이 흐르면서 많은 변화를 겪었다. 비옥한 초승달 지대에서 최초의 포도주가 탄생한 이후 이집트 상류층의 문화로 자리 잡기까지 4000년이라는 세월이 흘렀으니, 변화는 당연한 일이었다. 그리스와 로마 시대의 포도주는 종교적 상징이었는데, 그 시작은 디오니소스를 널리 숭배한 그리스 시대부터였다.

포도주를 긍정적으로 생각한 로마 제국 내에는 포도주에 색다른 의미를 부여하는 민족이 있었다. 그중 유대인들은 포도나무를 이스라엘을 상징하며 하나님이 만든 피조물 중 으뜸으로 생각했다. 『구약성경』에서 포도는 대홍수가 끝난 뒤 최초로 등장한 농산물 중 하나였다. 포도나무는 성경에 가장 많이 등장하는 식물이며 또한 하나님이 인간에게 약속한 선물의 상징이었다. 예수 그리스도가 처음으로 행한 기적도 가나의 결혼 잔치에서 물을 포도주로 바꾼 일이었다.[20]

고대 이스라엘에서 포도밭은 생명의 지속성을 나타내는 경관이었다.

'음료수를 구하기 어려운 지역에서 포도밭을 일구었다.'라고 하는 것은 그곳에 정착하려는 주민들의 신호탄이었다. 한편 메소포타미아에서 포도나무는 '생명의 풀'이란 의미이다. 수메르에서는 '생명'을 뜻하는 문자는 원래 포도 이파리 모양이었다. 스웨덴의 생물학자 칼 폰 린네(Carl von Linné, 1707~1778)가 포도에 붙인 학명 중 속명 비티스(Vitis)는 '생명'을 뜻하는 라틴의 옛말 비타(vita)에서 온 것이다.

| 감사의 글 |

글쓰기에 타고난 재주가 없는 제가 두 번째 책을 펴낼 수 있도록 힘을 보태
준 가족들에게 먼저 고마움을 전합니다. 사랑하는 아내는 포도 스케치 그림
을 그려 주었고, 아들과 딸은 아빠가 지치고 힘들 때 응원해 주었습니다.

도서 출판 푸른길 김선기 대표님께 감사드립니다. 부족한 원고를 흔쾌히 출
판하시기로 하셔서 제게는 출판 이상의 큰 격려와 도움이 되었습니다. 그리
고 책의 내용과 지도, 사진 등의 이미지를 꼼꼼히 검토하시고 편집에 심혈을
기울이신 편집자님께도 감사드립니다.

첫 번째 보따리: 포도가 생겨났다

1. 로드 필립스, 이은선(역), 2002, 「와인의 역사」, 시공사, 27-28.
2. 캅카스 지방의 조지아(Georgia)에서는 기원전 6000년의 유물로 추정되는 양조용 품종의 포도 씨앗(양조용 품종과 야생 품종은 씨앗의 모양이 다름)이 발견되었다. 야생 포도는 아시아 서부와 유럽의 여러 지방에서 자랐으나 이 시기에 포도주를 만들었다는 증거가 남아 있는 곳은 비옥한 초승달 지대, 즉 흑해와 카스피해 사이의 캅카스산맥 기슭, 터키 동쪽의 토로스산맥, 이란 서부에 있는 자그로스산맥의 북부 지역에 불과하다. 지금의 이란, 조지아, 터키가 아르메니아, 아제르바이잔과 만나는 접점에 해당한다. 따라서 이 일대에 살던 사람들이 기원전 6000년부터 포도를 재배했을 가능성이 있다. [이은선(역), 2002, 앞의 책, 30.]
3. 「성경」, 창세기 9장 20절
4. 이은선(역), 2002, 앞의 책, 29.
5. 브라이언 J. 소머스, 김상빈(역), 2018, 「와인의 지리학」, 푸른길, 104-105.
6. http://www.grape.or.kr/bbs/bbs (한국포도회)
7. '비에 젖은 여우 냄새'라는 뜻이다.
8. https://blog.naver.com/lotdannya에서 미국종과 교잡종에 관한 내용을 참고하였다.
9. 창해편집부, 2012, 「ABC북 맛보기 사전」, 창해
10. 인터넷 페이지 「베를린리포트」의 [포도밭의 일년]의 1~2월의 겨울 가지치기」에서 가지치기의 내용을 일부 참고하였다.

두 번째 보따리: 포도가 재배된다

1. Tim Unwin, 1996, *Wine and the Vine: An Historical Geography of Viticulture and the Wine Trade*, Routledge.

2. 오즈 클라크, 정수경(역), 2001, 『오즈 클라크의 와인 이야기』, 푸른길, 24.

3. 라루스 편집부(편), 윤화영(역), 2021, 『그랑 라루스 와인백과』, 시트롱 마카롱

4. 김상빈(역), 2018, 앞의 책, 91.

5. 그리스어로 '바구니'란 뜻이다.

6. http://asq.kr/1OQl5h2ZF02Ql

7. 오마이뉴스 (2016.12.08.)

8. 김상빈(역), 2018, 앞의 책, 50-53.

9. 최형식, 2000, 「포도주의 품질」, 『대한토목학회지』, 48(10), 44.

10. 창해편집부, 2012, 앞의 사전

11. 정수경(역), 2001, 앞의 책, 24.

12. 창해편집부, 2012, 앞의 사전

13. 정수경(역), 2001, 앞의 책, 24.

14. https://blog.naver.com/daiiary/220995786781

15. 최형식, 2000, 앞의 논문, 44-45.

16. http://www.wineok.com/?document_srl=291400 이상철 (2017.10.12.)

17. 창해편집부, 2012, 앞의 사전

18. 최형식, 2000, 앞의 논문, 44-45.

19. 최형식, 2000, 앞의 논문, 44.

20. http://www.calmont-mosel.de

21. 최영수·김복래·김정하·김형인·조관연, 2005, 『와인에 담긴 역사와 문화』, 북코리아, 258.

22. 김상빈(역), 2018, 앞의 책, 70-71.

23. 정남모, 2010, 「알자스의 지질학적 특성과 포도 명산지에 대한 지역 연구」, 『프랑스문화예술연구』 제31집, 461-462.

24. 세계일보 (2018.02.24.)

25. 김상빈(역), 2018, 앞의 책, 86-89.

26. 창해편집부, 2012, 앞의 사전

27. 정수경(역), 2001, 앞의 책, 24.

28. 최영수 외, 2005, 앞의 책, 192.; 인터텟 페이지 『베를린리포트』의 「[포도밭의 일년] 1~2월의 겨울 가지치기」.

29. 최영수 외, 2005, 앞의 책, 259.

30. http://blog.daum.net/winelady/12288464?tp_nil_a=2

31. 최형식, 2003, 「전통적인 독일의 포도주(3)」, 『대한토목학회지』, 51(2), 85.
32. 김상빈(역), 2018, 앞의 책, 94-96.
33. 창해편집부, 2012, 앞의 사전
34. 최형식, 2003, 앞의 논문, 86.
35. 창해편집부, 2012, 앞의 사전

세 번째 보따리: 포도가 퍼져 간다

1. 최영수 외, 2005, 앞의 책, 23-48.
2. 최영수 외, 2005, 앞의 책, 36.
3. 최영수 외, 2005, 앞의 책, 69.
4. 이은선(역), 2002, 앞의 책, 35-37.
5. 이은선(역), 2002, 앞의 책, 62.
6. 이은선(역), 2002, 앞의 책, 113.
7. 김상빈(역), 2018, 앞의 책, 179.
8. 이은선(역), 2002, 앞의 책, 72.
9. 이은선(역), 2002, 앞의 책, 26.
10. 한국경제매거진, 2012, 「한경비즈니스」 제845호(2012.02.15.)
11. 최영수 외, 2005, 앞의 책, 272-274.
12. 중앙아시아 동부 페르가나(Fergana) 분지에 있었던 고대 왕국
13. http://artminhwa.com/김취정-박사의-만화-읽기-⑲-다산의 상징-포도나무/
14. http://artminhwa.com/김취정-박사의-만화-읽기-⑲-다산의 상징-포도나무/
15. 김상빈(역), 2018, 앞의 책, 179-180.
16. 이은선(역), 2002, 앞의 책, 239-241.; 김상빈(역), 2018, 앞의 책, 161.
17. 김상빈(역), 2018, 앞의 책, 161.
18. 이은선(역), 2002, 앞의 책, 242-243.
19. 김상빈(역), 2018, 앞의 책, 138-140.
20. 이은선(역), 2002, 앞의 책, 245-259.
21. http://www.nzc.co.kr/ (뉴질랜드교육문화원)

네 번째 보따리: 포도는 버릴 것이 없다

1. 이은선(역), 2002, 앞의 책, 125.
2. 윤화영(역), 2021, 앞의 사전
3. 김상빈(역), 2018, 앞의 책, 244.
4. https://nongup.gg.go.kr/ (경기도농업기술원); http://www.rda.go.kr/ (농촌진흥청)
5. http://www.rda.go.kr/ (농촌진흥청)
6. 와타나베 이타루, 정문주(역), 2014, 『시골빵집에서 자본론을 굽다』, 더숲, 57.
7. 이은선(역), 2002, 앞의 책, 304.
8. 최영수 외, 2005, 앞의 책, 23.
9. 이은선(역), 2002, 앞의 책, 12.
10. 정수경(역), 2001, 앞의 책, 23.
11. 창해편집부, 2012, 앞의 사전
12. 정수경(역), 2001, 앞의 책, 23.
13. 창해편집부, 2012, 앞의 사전
14. 김상빈(역), 2018, 앞의 책, 162-164.
15. 최영수 외, 2005, 앞의 책, 222.
16. 최형식, 2002, "전통적인 독일의 포도주(1)", 『대한토목학회지』, 50(12), 77-78.
17. 편집부, 2013, 『히브리어 헬라어 직역 성경』, 말씀의집, 디모데전서 5장 23절
18. 최형식, 2002, 앞의 논문, 77-78.
19. 창해편집부, 2012, 앞의 사전
20. 정수경(역), 2001, 앞의 책, 23-25.
21. 최영수 외, 2005, 앞의 책, 141-142.
22. 최영수 외, 2005, 앞의 책, 33.
23. 이은선(역), 2002, 앞의 책, 169-170.
24. 이은선(역), 2002, 앞의 책, 127.
25. http://asq.kr/HRIRtBlcv8kO
26. 창해편집부, 2012, 앞의 사전
27. 정문주(역), 2014, 앞의 책, 163.
28. 창해편집부, 2012, 앞의 사전
29. 최영수 외, 2005, 앞의 책, 129-130.
30. 창해편집부, 2012, 앞의 사전

31. 라루스 편집부(편), 강현정(역), 2021, 『그랑 라루스 요리백과』, 시트롱 마카롱

32. 아시아경제 (2018.03.16.)

33. 프랑스 남서부에 있는 세계 최대의 고급 포도주 산지인 보르도 지방에서 포도주를 양조하는 포도밭 이름에 붙는 명칭이다. 프랑스어로 성(城: castle), 성곽을 의미하며 영주의 저택을 말하기도 한다. 포도주에서 샤토는 자체 포도밭을 가진 포도주 양조회사이며, 역사와 전통을 자랑하고 아름다운 포도밭과 고풍스러운 저택이 어우러진 곳으로 최근 프랑스에서 여행지의 역할도 하고 있다. 법률적으로 샤토는 일정 면적 이상의 포도밭이 있는 곳으로 포도주를 양조, 저장할 수 있는 시설을 갖춘 곳이어야 한다. 샤토 안에서 포도주를 제조하는 곳을 '퀴비에(Cuvier)'라고 하며, 포도주를 숙성하고 저장하는 곳을 '셰(Chai)'라고 한다. [두산백과]

34. 창해편집부, 2012, 앞의 사전

35. 세계유산 일곱 곳에 관한 본문 내용은 유네스코한국위원회(https://heritage.unesco.or.kr/)를 참고하였다.

다섯 번째 보따리: 포도가 이주한다

1. 이은선(역), 2002, 앞의 책, 29-30.

2. 창해편집부, 2012, 앞의 사전

3. http://asq.kr/HRIRtBlcv8kO

4. 이은선(역), 2002, 앞의 책, 67.

5. 이은선(역), 2002, 앞의 책, 66.

6. http://asq.kr/HRIRtBlcv8kO

7. 이은선(역), 2002, 앞의 책, 73.

8. 창해편집부, 2012, 앞의 사전

9. 최영수 외, 2005, 앞의 책, 197.

10. 창해편집부, 2012, 앞의 사전

11. 위키백과 '오크통'

12. 창해편집부, 2012, 앞의 사전; 이은선(역), 2002, 앞의 책, 213-214.

13. 식물의 줄기나 뿌리의 부피가 옆으로 커지는, 굵기가 굵어지는 생장을 비대생장이라고 한다.

14. 코르크나무는 약 300년까지 살 수 있는데, 나무의 수령이 약 25살이 되면, 그때부터 평균 9년에 한 번씩 코르크가 줄기로부터 벗겨진다.

15. 이은선(역), 2002, 앞의 책, 215.

16. 최영수 외, 2005, 앞의 책, 73.

17. 라벨에 관한 내용은 최영수 외, 2005, 앞의 책, 180-182를 참고하였다.

18. 김상빈(역), 2018, 앞의 책, 161-162.

19. 이은선(역), 2002, 앞의 책, 40-41.

20. http://www.culturecontent.com/ (세계의 와인 문화)의 '고대 아르메니아 상인의 와인무역'에서 재인용하였다.

21. H. Johnson, 1989, Vintage: The Story of Wine, Simon and Schuster, 35 – 46. (en.wikipedia.org에서 재인용)

22. 이은선(역), 2002, 앞의 책, 67.

23. 창해편집부, 2012, 앞의 사전

24. 김상빈(역), 2018, 앞의 책, 165-166.

25. 최영수 외, 2005, 앞의 책, 70-71.

26. 한국경제매거진, 2012, 『한경비즈니스』 제845호(2012.02.15.)

27. 최영수 외, 2005, 앞의 책, 215.

28. http://www.culturecontent.com/ (세계의 와인 문화)

29. 최영수 외, 2005, 앞의 책, 283.

30. 유로스타트(Eurostat), 2017.

여섯 번째 보따리: 포도가 아프다

1. 창해편집부, 2012, 앞의 사전; 한국경제매거진, 2012, 『한경비즈니스』 제845호 (2012.02.15)

2. 두산백과

3. 김상빈(역), 2018, 앞의 책, 132-137.

4. 정승희, 2009, 「칠레 와인 이야기」, 『대한토목학회지』, 57(3), 60.

5. 김상빈(역), 2018, 앞의 책, 188.

일곱 번째 보따리: 포도는 말한다

1. 아시아경제 (2016.03.29.)

2. 서울신문 (2010.02.26.)

3. 로날트 D. 게르슈테, 강희진(역), 2017, 『날씨가 만든 그날의 세계사』, 제3의공간

4. Hans Reiner Schultz, 2017, Issues to be considered for strategic adaptation to climate evolution Is atmospheric evaporative demand changing?, *OENO One*, Vol. 51 No. 2.

5. 요한복음 2장 1~11절

6. 전도서 10장 19절

7. 최영수 외, 2005, 앞의 책, 38.

8. 타클라마칸 사막의 북동쪽에 있었던 고대 국가

9. http://artminhwa.com/김취정−박사의−만화−읽기−⑲−다산의 상징−포도나무/

10. 최영수 외, 2005, 앞의 책, 49.

11. 최영수 외, 2005, 앞의 책, 106.

12. 로마 신화에 나오는 포도주의 신

13. 최영수 외, 2005, 앞의 책, 142.

14. 최영수 외, 2005, 앞의 책, 107.

15. 이은선(역), 2002, 앞의 책, 260.

16. 이은선(역), 2002, 앞의 책, 267.

17. 이은선(역), 2002, 앞의 책, 323−326에서 이하 내용을 정리했다.

18. 창해편집부, 2012, 앞의 사전

19. http://artminhwa.com/ (다산의 상징, 포도나무)

20. 이은선(역), 2002, 앞의 책, 107.

| 참고문헌 |

[도서]

로날트 D. 게르슈테, 강희진(역), 2017, 『날씨가 만든 그날의 세계사』, 제3의공간

로드 필립스, 이은선(역), 2002, 『와인의 역사』, 시공사

브라이언 J. 소머스, 김상빈(역), 2018, 『와인의 지리학』, 푸른길

오즈 클라크, 정수경(역), 2001, 『오즈 클라크의 와인 이야기』, 푸른길

와타나베 이타루, 정문주(역), 2014, 『시골빵집에서 자본론을 굽다』, 더숲

최영수·김복래·김정하·김형인·조관연, 2005, 『와인에 담긴 역사와 문화』, 북코리아

창해편집부, 2012, 『ABC북 맛보기 사전』, 창해

편집부, 2013, 『히브리어 헬라어 직역 성경』, 말씀의집

Tim Unwin, 1996, *Wine and the Vine: An Historical Geography of Viticulture and the Wine Trade*, Routledge.

[논문]

정남모, 2010, "알자스의 지질학적 특성과 포도 명산지에 대한 지역 연구", 『프랑스문화예술연구』, 제31집, 461-462.

정승희, 2009, "칠레 와인 이야기", 『대한토목학회지』, 57(3), 60.

최형식, 2000, "포도주의 품질", 『대한토목학회지』, 48(10), 44.

최형식, 2002, "전통적인 독일의 포도주(1)", 『대한토목학회지』, 50(12), 77-78.

최형식, 2003, "전통적인 독일의 포도주(3)", 『대한토목학회지』, 51(2), 85.

Hans Reiner Schultz, 2017, Issues to be considered for strategic adaptation to climate evolution Is atmospheric evaporative demand changing?, *OENO One*, Vol. 51 No. 2.

[리포트·신문·잡지·사전]

베를린 리포트 (2011.03.11.)

유로스타트 (Eurostat), 2017.

서울신문 (2010.02.26.)

세계일보 (2018.02.24.)

아시아경제 (2016.03.29., 2018.03.16.)

오마이뉴스 (2016.12.08.)

한경비즈니스 제845호(2012.02.15.)

라루스 편집부(편), 윤화영(역), 2021, 『그랑 라루스 와인백과』, 시트롱 마카롱

라루스 편집부(편), 강현정(역), 2021, 『그랑 라루스 요리백과』, 시트롱 마카롱

위키백과

두산백과

[인터넷 사이트]

http://artminhwa.com/ (다산의 상징, 포도나무)

http://asq.kr/1OQI5h2ZF02Ql

http://asq.kr/HRlRtBlcv8kO

http://blog.daum.net/winelady/12288464?tp_nil_a=2

http://www.calmont-mosel.de

http://www.culturecontent.com/ (세계의 와인 문화)

http://www.grape.or.kr/bbs/bbs (한국포도회)

http://www.nzc.co.kr/ (뉴질랜드교육문화원)

http://www.rda.go.kr/ (농촌진흥청)

http://www.wineok.com/?document_srl=291400 이상철 (2017.10.12.)

https://biog.naver.com/daiiary/220995786781

https://blog.naver.com/lotdannya

https://heritage.unesco.or.kr (유네스코한국위원회)

https://nongup.gg.go.kr/ (경기도농업기술원)

| 출처 |

첫 번째 보따리 : 포도가 생겨났다

포도: 구경희, 2019

포도나무 생김새: snappygoat.com

포도나무 유형: winefolly.com

포도 잎사귀와 덩굴손: pixabay.com

포도 열매 빛깔: pixy.org

포도나무 뿌리: wineok.com

샤르도네: pixabay.com

말벡: flickr.com

나이아가라: gettyimagesbank.com

미국종 포도: wikipedia.org

오로라: wikipedia.org

바코 누아르: wikimedia.org

계절에 따른 포도나무의 모습: winefolly.com

포도나무 뿌리: wineok.com

두 번째 보따리 : 포도가 재배된다

포도 재배 지역: Tim Unwin, 1996

란사로테섬의 포도밭 전경: pixabay.com

산토리니섬의 위치: wikipedia.org

산토리니섬의 전통 포도 재배 방식 '쿨루라': gettyimagesbank.com

라보의 계단식 포도밭: flickr.com

레만호를 내려다보는 남사면의 라보 포도밭: wikimedia.org

포도야, 넌 누구니

독일 라인가우의 포도밭 전경: wikipedia.org

칼몬트의 급경사지 포도밭: wikipedia.org

모젤 포도밭의 전경: pixabay.com

점판암 토양: gettyimagesbank.com

샤토 네프 뒤 파프 포도밭: wikimedia.org

스페인 리오하 마르케스 데 카세레스 포도밭: pixabay.com

세 번째 보따리 : 포도가 퍼져 간다

기원전 1500년경 이집트의 포도와 포도주: wikipedia.org

기원전 5000~기원전 1000년의 포도 재배의 지리적 확산: 로드 필립스, 이은선(역),
　2002, 『와인의 역사』, 34.

고대 그리스와 페니키아의 식민지: librewiki.net

서기 100년경 포도 재배의 전파 경로: 로드 필립스, 이은선(역), 2002, 앞의 책, 64-
　65.

1500~1800년의 신세계로의 포도 재배 확산: 로드 필립스, 이은선(역), 2002, 앞의
　책, 244.

사무엘 마스덴: nzc.co.kr

네 번째 보따리 : 포도는 버릴 것이 없다

제1차 세계대전 초기 포도주와 함께 이동하는 프랑스 군대: wikimedia.org

혹스베이 인터내셔널 마라톤: newzealand.com

세인트 클레어 하프마라톤: newzealand.com

알투 도루 포도밭 경관(위): wikimedia.org

알투 도루 포도밭 경관(아래): snappygoat.com

토커이의 포도밭: wikimedia.org

토커이의 포도 재배 지역: hungarytoday.hu

토커이의 포도주 지하 저장고: flickr.com

피쿠 화산을 배경으로 한 오래된 포도밭: wikimedia.org

마달레나의 전통 풍차: flickr.com

돌담으로 구획된 포도밭: wikimedia.org

마달레나 인근 해상: wikimedia.org

해안촌락: wikimedia.org

17세기에 건축된 수녀원: wikimedia.org

스위스 라보 테라스 포도밭(위): flickr.com

스위스 라보 테라스 포도밭(아래): flickr.com

피에몬테 포도밭 경관: flickr.com

피에몬테의 랑게: wikimedia.org

부르고뉴 클리마: Jean-Louis Bernuy

상파뉴의 크라망 포도밭: wikimedia.org

메종 메르시에 샴페인 지하 저장고 카브: wikimedia.org

다섯 번째 보따리 : 포도가 이주한다

기원전 6000년경 조지아의 대형 토기 크베브리(Qvevri): wikimedia.org

기원전 86년 로마인들이 아테네를 파괴한 잔해에서 나온 암포리: shutterstock.com

배 안에 실린 암포라: wikimedia.org

고대 로마 오스티아: wikipedia.org

프랑스 고대 촌락의 돌리아: wikipedia.org

포도주 통: flickr.com

빈티지 포도주병: maxpixel.net

코르크나무 자생지 분포(2016): wikimedia.org

코르크나무: pixabay.com

코르크나무 단면: gettyimagesbank.com

코르크 마개: pixabay.com

아이소탱크: wikimedia.org

포도주병과 라벨: pixabay.com

헝가리 토커이의 포도주 라벨: wikimedia.org

빈티지 마데이라 포도주: flickr.com

메소포타미아: kids.britannica.com

로마 제국의 도로 및 해상무역로(125년): historyhit.com

프랑스의 포도주 수출 지역(1864년): wikimedia.org

주요 포도주 무역로(1300년): 로드 필립스, 이은선(역), 2002, 앞의 책, 156–157.

여섯 번째 보따리 : 포도가 아프다

필록세라 진딧물: wikimedia.org

필록세라 진딧물에 감염된 포도나무 잎의 모습: wikimedia.org

일곱 번째 보따리 : 포도는 말한다

카베르네 소비뇽 재배로 유명한 포도 재배지 4곳의 월평균 기온: 미국 캘리포니아주
   데이터 제공 시스템인 메테오 보르도와 호주 기상국

카라바조가 그린 「바쿠스」(1598): wikipedia.org

「가을」(1573): wikimedia.org

「포도 수확」(14세기): snappygoat.com

포도야, 넌 누구니

그 역사와 지리 이야기

초판 1쇄 발행 2021년 9월 10일
지은이 강순돌
펴낸이 김선기
펴낸곳 (주)푸른길
출판등록 1996년 4월 12일 제16-1292호
주소 (08377) 서울시 구로구 디지털로 33길 48 대륭포스트타워 7차 1008호
전화 02-523-2907, 6942-9570~2
팩스 02-523-2951
이메일 purungilbook@naver.com
홈페이지 www.purungil.co.kr

ⓒ 강순돌, 2021

ISBN 978-89-6291-912-7 03980